꼼지락 이주부의

친절한 페인트
인테리어

| 만든 사람들 |
기획 실용기획부 **| 진행** 한윤지·장소영 **| 집필** 이애경 **| 편집·표지 디자인** D.J.I books design studio

| 책 내용 문의 |
도서 내용에 대해 궁금한 사항이 있으시면
저자의 홈페이지나 아이생각 홈페이지의 게시판을 통해서 해결하실 수 있습니다.

아이생각 홈페이지 www.ithinkbook.co.kr
아이생각 페이스북 www.facebook.com/ithinkbook
디지털북스 카페 cafe.naver.com/digitalbooks1999
디지털북스 이메일 digital@digitalbooks.co.kr
저자 이메일 aekyoung81@naver.com
저자 홈페이지 blog.naver.com/aekyoung81

| 각종 문의 |
영업관련 hi@digitalbooks.co.kr
기획관련 digital@digitalbooks.co.kr
전화번호 (02) 447-3157~8

꼼지락 이주부의

친절한 페인트
인테리어

이애경 저

PART 1

페인팅 준비작업

CONTENTS

PART 2

셀프 페인팅하기

페인팅
준비작업

페인트는 칠하는 것보다 올바르게 준비하는 것이 중요하다. 단순히 페인트를 잘만 칠하면 된다고 생각할 수도 있으나 사전작업이 제대로 되지 않는다면 페인팅 과정이 순탄하지 않을 뿐 아니라 결과물도 좋지 못하다.

많은 사람들이 페인팅은 어려운 것이기에 전문가만이 할 수 있다고 생각하는 경우가 많다.

아마도 준비 없이 시작한 페인팅으로 실패를 맛본 사람들 대다수가 이러한 생각을 하지 않을까 싶다. 페인팅은 쉽다! 전문가가 아닌 비전문가도 누구나 할 수 있다.

페인팅을 위해 필요한 도구를 알고, 도구를 올바르게 사용하는 방법을 익히는 등의 기본지식을 습득하고, 사전작업을 올바르게 한다면 누구나 전문가처럼 페인팅을 할 수 있을 것이다.

페인팅은 시작이 반이다. 올바른 준비작업만으로도 이미 50%는 성공한 것과 다름없다.

페인팅 기초

페인팅을 위한 다양한 도구와 방법들이 존재한다. 페인팅에 필요한 용어를 이해하고, 도구의 종류를 알
아둔다면 페인팅이 좀 더 쉽게 다가올 것이다.

[이 책을 읽기 전 알아두면 좋은 용어정리]

* **보양작업** ——— 페인팅을 시작하기 전 페인트가 묻지 않아야 할 바닥, 콘센트, 손잡이, 주변의 가구 등에
마스킹 테이프와 커버링 테이프를 부착하는 작업이다. 페인팅 전 보양작업을 꼼꼼히 해주어야 페인팅 중간 페인
트가 튀거나 흐르는 것을 신경 쓰지 않고 작업할 수 있으며, 페인팅 후 주변에 묻은 페인트를 닦아내야 하는 번거
로움이 없다. 페인트칠이 끝난 후 마스킹 테이프와 커버링 테이프는 페인트가 반건조 상태일 때 제거해야 한다.

* **샌딩** ——— 흔히 이야기하는 사포질을 샌딩이
라고 한다. 샌딩은 페인트 기초작업에서 중요한 작업
으로, 거친 나무표면을 매끈하게 다듬어줄 때나 방문,
싱크대, 가구 등 광택이 있는 곳에 페인트를 칠하기 전
해준다. 방문, 싱크대, 가구 등에 샌딩 작업을 해주면
페인트 접착력이 높아지기 때문에 페인트가 쉽게 벗
겨지지 않고 오래 유지되는 데 도움이 된다

* 퍼티 ———— 흔히 핸디코트라는 명칭으로 알고 있는 것이 바로 퍼티이며, 핸디코트는 퍼티의 한 브랜드 이름이다. 페인팅 전 벽의 갈라진 곳, 못 자국, 면이 고르지 않는 곳 등에 퍼티를 이용하여 보수한 후 페인팅한다.

* 바니시 ———— 바니시는 코팅제이다. 흔히 니스라고 부르기도 하지만 니스는 유성이다. 페인팅 후 칠하면 표면이 코팅되어 오염과 긁힘에 강해져 페인트를 오래도록 유지할 수 있다. 무광 / 반광 / 유광 등 광도를 선택할 수 있으며, 무광이라 해도 어느 정도의 광은 있다. 물을 많이 사용하는 곳에 바니시를 칠하면 수분으로부터 페인트를 보호해주어 오래도록 유지가 가능하며, 특히 욕실 문, 싱크대 문짝 등에 칠하면 수분 침투를 예방할 수 있다.

* 젯소 ———— 프라이머라고 불리기도 한다. 젯소는 밀착력과 은폐력 두가지 기능을 가지고있다. 페인트를 칠하기 전 밑색을 커버하거나(은폐력) 페인트가 잘 붙도록 돕기 위한(밀착력) 초벌용 페인트로 생각하면 된다. 페인트를 칠할 곳이 어두운 컬러이거나 무늬가 있어 커버를 해야 할 때, 낙서가 있는 곳 등에 젯소를 칠한 후 페인트를 칠해주면 되는데, 칠할 곳의 상태에 따라 1~2회 횟수를 조절한다. 젯소를 먼저 칠하고 페인트칠을 해주면 페인트가 잘 발릴 뿐 아니라 건조 후 벗겨지는 것을 방지할 수 있다.

＊ 스테인 ──────── 목재에 흡수되어 색을 나타내주는 것으로 목재의 나뭇결을 그대로 살려주는 목재용 페인트이다. 흡수시켜 사용하는 제품이기 때문에 가공되지 않는 무도색 목재에 사용 가능하며, 표면이 코팅된 곳 등에는 사용할 수 없고 리폼 재료로 사용할 수 없다. 방습/방충 효과가 있어 목재를 보호해준다. 마감력이 없기 때문에 스테인 사용 후에는 바니시, 오일 등 마감제를 별도로 사용해주는 것이 좋다.

＊ 페인트 ──────── 페인트는 수성과 유성으로 나뉜다. 가정에서는 사용이 쉽고 세척이 용이한 수성 페인트를 사용하며, 요즘은 브랜드별로 친환경 페인트가 출시되고 있어 안전하게 사용 가능하다. 수성 페인트의 경우 냄새가 거의 없고 건조 속도가 빨라서 가정에서 작업하기가 쉬우며, 사용한 도구는 물세척이 가능해 도구 세척 후 여러 번 재사용 가능하다.

＊ 우드필러 ──────── '메꾸미'라는 이름으로 불리기도 한다. 각종 원목의 구멍이나 홈, 균열 등을 메꿀 때 사용한다. 건조 후 샌딩 작업과 페인트, 스테인, 바니시 칠이 가능하다.

* **사포** ———— 사포는 사용하는 용도에 따라 굵기가 다르다. 흔히 사포를 부를 때는 100방, 200방 등 숫자 뒤에 방을 붙여서 부르는데, 숫자가 작을수록 거친 사포, 숫자가 클수록 고운 사포이다. 거친 사포는 거친 면과 모서리를 다듬을 때 사용하고, 고운 사포는 들뜸현상을 해결하거나 마감할 때 사용한다. 사용할 장소와 용도에 따라서 적당한 거칠기의 사포를 사용하는 것만으로도 페인팅 결과물을 더 좋게 만들 수 있다.

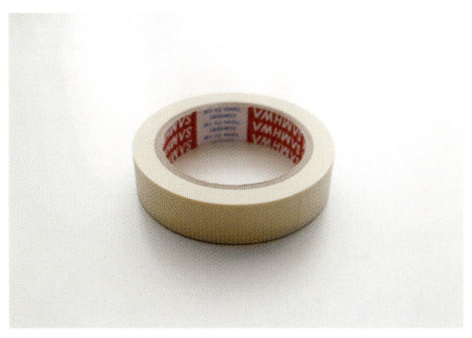

* **마스킹 테이프** ———— 보양작업을 할 때 사용하는 테이프로 손잡이, 경첩, 몰딩, 콘센트 등에 부착해준다.

* **커버링 테이프** ———— 마스킹 테이프에 비닐이 붙은 형태의 테이프로 바닥, 가구, 벽 전체를 보호할 때 사용한다. 45cm / 90cm / 150cm등 크기가 다양하기 때문에 사용할 곳과 용도에 따라서 사이즈를 결정한다.

* **트레이** ———— 페인트를 담아 사용한다. 움푹 파인 곳에 페인트를 담고, 경사진 곳에서 롤러를 굴려 페인트가 골고루 묻도록 한다. 트레이 사용 전 비닐을 씌워주면 세척의 번거로움을 줄일 수 있다.

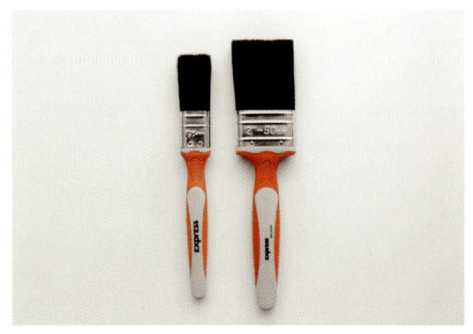

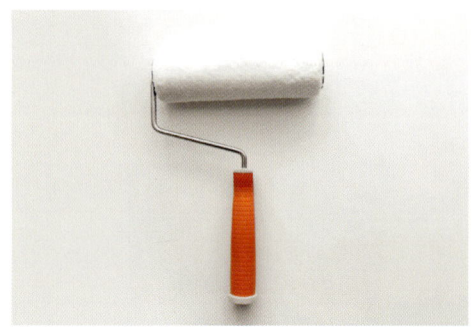

✳ 붓 ——— 롤러 작업이 어려운 좁은 곳이나 구석진 곳 등을 칠할때 사용한다. 사이즈가 다양하므로 사용할 환경에 따라 사이즈를 선택한다. 2/3정도만 페인트를 묻혀 사용하며, 붓을 눕히지 않고 세워서 작업을 하면 페인팅 시 붓 자국이 생기는 것을 예방할 수 있다.

✳ 롤러 ——— 넓은 면적을 칠할때 사용한다. 스펀지 롤러부터 털이 긴 롤러까지 종류가 다양하며 페인팅할 곳에 따라 롤러의 크기와 모의 길이를 선택해서 사용한다.

✳ 폴대 ——— 롤러에 끼워 사용하는 도구로 높은 곳이나 천장을 칠할 때 사용한다.

＊ **페인트 패드** ——————— 패드 형태로 되어있는 도구로, 굴리며 사용하는 롤러와 달리 패드 표면에 페인트를 묻힌 후 밀어주는 방식으로 칠을 한다. 용도에 따라 다양한 크기와 모양의 패드가 있다.

＊ **스펀지 브러시** ——————— '폼 브러시'라고도 하며 모가 아닌 스펀지로 되어있는 브러시를 말한다. 모가 있는 브러시에 비해 다루기가 편하며 붓 자국이 생기지 않아 소가구 등을 페인팅할 때 사용하면 좋다.

＊ **페인트 스터러** ——————— 페인트는 사용 전 충분히 섞어주고 사용해야 하는데, 이때 페인트를 섞기 위해 사용하는 도구가 스터러이다. 스터러가 없으면 나무젓가락, 긴 막대 등을 이용하여 페인트를 충분히 섞어준다.

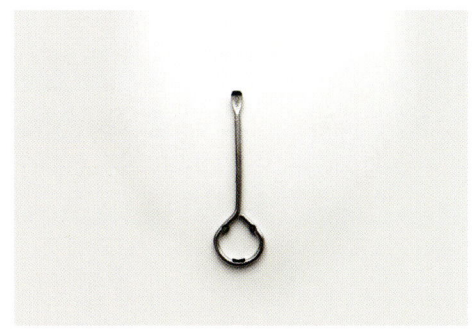

＊ **페인트 오프너** ——————— 페인트 뚜껑을 열 때 사용하는 도구이다. 오프너가 없다면 동전이나 일자 드라이버를 이용하여 페인트를 열 수 있다.

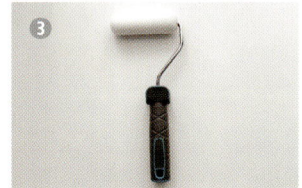

❶ 털이 긴 롤러 털이 긴 롤러는 표면에 요철이 있는 곳에 사용하면 좋다. 콘크리트, 파 벽돌, 실크벽지 등 표면이 매끄럽지 못한 곳에 페인트를 칠할 때 털이 긴 롤러를 사용하면 요철 사이사이 틈에 페인트를 쉽게 칠할 수 있다. 하지만 페인트 흡수량이 많아 롤러의 무게가 무거워지고, 긴 털로 인해 털 자국이 나기 쉽다. 많은 양의 페인트가 칠해지기 때문에 두껍게 칠해지는 편이다. 페인트 흡수량이 많은 만큼 롤러 세척이 오래 걸린다.

❷ 털이 짧은 롤러 표면이 매끄러운 곳에 칠해준다. 보통 요철이 없는 벽지나 가구를 칠할 때 사용하면 좋다. 털 길이가 짧아 페인트 흡수량이 많지 않으며, 무게가 무거워지지 않아 페인트칠이 쉽다. 털이 짧은 만큼 붓 자국이 나지 않는다.

❸ 스펀지 롤러 표면이 매끄러운 가구나 방문 등을 칠할 때 사용한다. 스펀지로 되어있기 때문에 무게가 가볍고, 롤러 자국이 많이 나지 않는 편이다. 하지만 스펀지 사이사이에 있는 기공 때문에 페인트를 칠할 경우 표면에 기포가 잘 생기고, 페인트를 분무기로 뿌려놓은 듯 팔과 바닥에 튀는 경우가 많다. 페인트가 얇게 칠해지기 때문에 경우에 따라 페인트를 2회 이상 칠하는 경우도 있다. 관리와 세척이 쉽다.

페인팅 사전작업

페인트를 칠하는것보다 사전작업이 더 중요하다. 구멍나고 찢어진 곳을 보수하고, 꼼꼼한 보양작업을 해 주는 것은 페인팅 과정뿐 아니라 결과물에도 영향을 주기 때문에 페인팅 전에는 사전작업을 충분하고 꼼 꼼하게 해주는 것이 좋다.

벽지 페인팅을 하기 위해서는 먼저 벽지의 상태를 정확히 파악해야 한다.

벽지가 찢어지거나 구멍 난 곳은 없는지, 낙서가 된 곳은 없는지 등을 정확히 체크 한 후 하자보수를 진행하고 페인팅을 해야 한다.

벽지는 크게 합지와 실크벽지로 나뉘는데, 페인팅 전 우리 집 벽지가 무엇인지를 확 인하는 것도 중요하다. 합지 벽지와 달리 실크벽지는 표면에 코팅이 되어있어 페인 트 밀착력이 떨어지기 때문에 페인팅 전 젯소를 칠해주면 도움이 된다. 요즘 출시되 는 페인트의 경우 젯소를 생략해도 되는 페인트가 출시되고 있으나, 이는 브랜드마 다 차이가 있기 때문에 구입 전 이 부분을 확인하는 것이 좋다.

벽지에 미세한 요철이 있는지에 따라 롤러의 선택도 다르게 해야 하는데, 벽지에 요 철이 많다면 털이 긴 롤러를 사용하는 것이 요철 사이사이 페인트가 칠해지는 데 도 움이 된다. 하지만 털이 긴 롤러는 털 자국이 생기기 쉽기 때문에 이 부분에 주의하 며 페인팅해야 한다.

❶ 찢어진 벽지 ——— 벽지를 페인팅할 때 가장 흔하게 마주하는 것이 바로 찢어진 벽지이다. 벽지가 움푹하게 파이거나 면적이 크게 찢어지는 경우, 스티커 부착 등으로 표면만 미세하게 찢어지는 경우 등으로 나뉘는데, 이때는 핸디 코트를 이용하면 깔끔하게 보수가 가능하다.

스티커 부착 등으로 표면만 미세하게 찢어진 경우

찢어진 부위를 깔끔하게 정리한 후 400방의 고운 사포로 경계 부분을 샌딩하고 페인트를 칠해주면 된다. 이때 샌딩을 심하게 하면 벽지가 일어나거나 손상이 심해질 수 있으므로 경계 부분만 약하게 샌딩해주는 것이 좋다.

경계 부분은 벽지가 들뜬 곳이 없도록 도려내고, 헤라를 이용하여 퍼티를 펴 발라준다. 퍼티는 보수할 부분보다 넓게 발라주는 것이 좋으며 너무 두껍지 않게 바른다. 퍼티가 건조된 후 200~400방 사포를 이용하여 샌딩해 표면을 매끈하게 만들어준다.

[TIP]

퍼티는 페인트를 흡수하기 때문에 페인팅 전 젯소를 칠한 후 페인팅해야 한다.

퍼티를 사포질할 경우 가루날림이 심한데, 이때는 물티슈로 표면을 살짝 닦아주거나 사포를 살짝 적신 후 사포질을 해주면 된다.

❷ **구멍 난 벽지** ─────── 액자나 벽걸이TV 등을 설치하기 위하여 못을 박아 두었던 곳은 구멍이 뚫려 있다. 구멍이 있는 상태에서 페인트를 칠하게 되면 페인트를 칠하기 전보다 구멍이 더욱 또렷하게 보여 완성도가 떨어지기 때문에 구멍 부분을 보수한 후 페인트를 칠해야 한다.

나사를 박아 구멍이 뚫려있는 경우

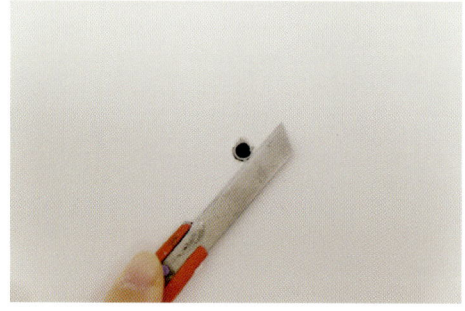

나사를 박을 때 사용했던 칼 블록(앙카) 등이 튀어나와 있다면 뽑아주거나, 커터 칼을 이용하여 튀어나온 부분을 도려낸다. 그 후 퍼티를 구멍 난 곳에 밀어 넣어준다.

헤라를 이용하여 퍼티를 평평하게 만들어준다. 헤라가 없다면 신용카드나 자 등 평평한 도구를 이용하면 된다.

퍼티가 건조된 후 400방 사포를 이용하여 표면을 매끈하게 샌딩한다.

구멍이 커서 퍼티만으로 보수를 하기 어려울 때는 매쉬 테이프를 부착한 후 퍼티작업을 하여 보수작업을 할 수 있다.

❸ 들뜬 벽지 ——————— 문틀, 몰딩과 닿는 부분인 벽지 끝부분은 들떠있는 경우가 있다. 이때 들떠있는 부분은 부착을 해주는 것이 좋다.

벽지가 찢어져 들뜬 경우

들뜬 벽지 뒷면에 접착제를 바른 후 벽지를 눌러 붙여준다.

부착되는 데는 일정한 시간이 필요하기 때문에 마스킹 테이프를 이용하여 벽지가 들뜨지 않도록 고정한다.

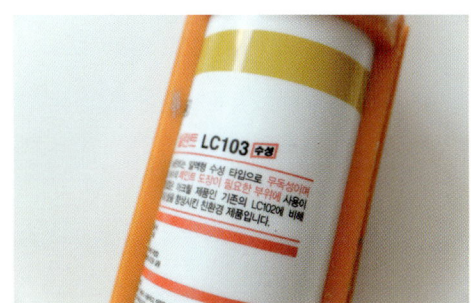

이 부분은 실리콘을 이용하여 틈을 메꿔주는 것이 좋다. 실리콘을 사용할 때는 페인팅이 가능한 수성 실리콘을 사용해야 한다.

틈에 실리콘을 채워 넣은 후 헤라를 이용하여 평평하게 만든다. 실리콘은 사포질이 되지 않기 때문에 실리콘을 바른 후 표면을 평평하게 해주고, 주변에 묻은 실리콘은 물티슈 등으로 말끔하게 제거한다. 실리콘은 내부까지 건조되는 데 24시간 정도가 소요되기 때문에 페인팅 전 미리 작업을 해주는 것이 좋다.

❹ 낙서 있는 벽지 ────── 아이가 있는 가정이라면 벽지에 낙서가 가득한 경우가 많이 있다. 페인트를 칠하면 낙서가 모두 사라질 거라 생각하고 낙서가 있는 상태에서 페인트를 바로 칠하기도 한다. 진한 컬러의 페인트를 사용하는 경우라면 페인팅 후 낙서가 보이지 않지만, 밝은 컬러의 페인트를 사용하는 경우에는 페인팅 후 낙서가 비치거나, 추후 낙서가 다시 스며 나올 수 있다. 그렇기에 페인팅을 계획하고 있다면 낙서 부분을 꼼꼼히 사전작업한 후 페인팅을 하는 것이 좋다.

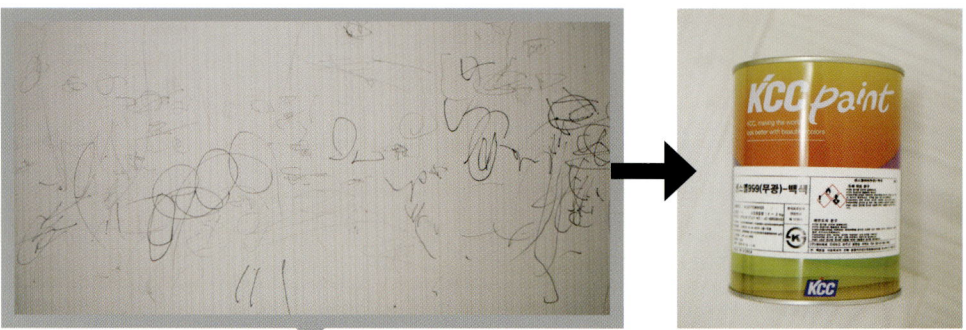

낙서는 유성 낙서(유성 펜을 사용한 것)와 수성 낙서(수성 펜을 사용한 것)로 나뉜다. 유성 펜은 물이 닿아도 낙서가 번지지 않지만, 수성 펜은 물이 닿으면 낙서가 번지게 된다. 젯소는 수성이기 때문에 수성 펜 위에 젯소를 칠할 경우 낙서가 번지거나 시간이 흐른 뒤 색이 배어 나올 수 있다.

이때 사용하면 좋은 방법이 바로 유성 페인트를 사용하는 것이다. 이 경우 유성 페인트는 젯소의 역할을 대신하는 것이므로, 젯소와 같은 백색/무광 유성 페인트를 구입한다. (유광을 구입할 경우 페인팅이 되지 않으므로 반드시 무광을 구입해야 한다.)

[TIP] ───

브랜드마다 출시되고 있는 젯소의 종류가 다양하다. 젯소마다 특징이 다르기 때문에 수성 낙서일지라도 젯소를 사용하여 커버가 가능한 제품도 있으니 확인 후 구입하는 것이 좋다.

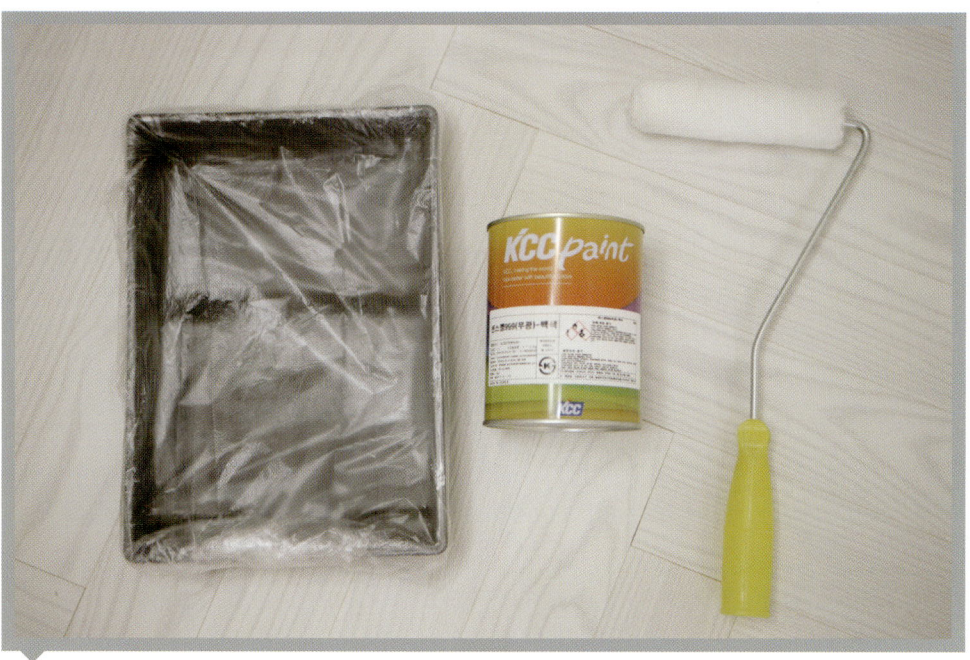

준비물   유성 페인트, 트레이, 롤러

유성 페인트는 세척을 할 수 없다. 페인팅 도구는 사용 후 모두 버려야 하며, 페인트가 손에 묻을 경우 쉽게 지워지지 않으므로 장갑을 착용한 후 페인팅을 한다.

트레이에는 비닐을 씌워주고, 롤러는 사용 후 버릴 수 있는 것으로 준비한다. 털이 긴 저렴한 롤러를 구입한 경우라면 칠을 하는 중간 롤러의 털이 많이 빠져 페인트와 함께 벽에 달라붙어 있게 된다. 털 빠짐을 예방하기 위해서는 롤러 사용 전 청테이프의 끈적이 부분에 롤러를 여러 번 굴려, 빠지는 털을 제거한 후 사용하면 된다.

페인트는 바닥까지 충분히 섞어준다. 유성 페인트는 수성 페인트와 달리 냄새가 심하기 때문에 충분히 환기를 시키면서 작업한다. 보통 유성 페인트는 발림을 좋게 하고 건조를 빠르게 하기 위해 신너를 섞는 경우가 많은데, 낙서를 지울 때처럼 적은 면적을 칠할 때는 신너를 섞지 않아도 된다.

롤러 전체에 유성 페인트를 골고루 묻힌 후 낙서 위에 칠한다. 뭉치거나 경계가 생기면 추후 페인트 작업 시 경계 부분이 보이기 때문에 경계가 생기지 않도록 얇게 펴 발라준다.

유성 페인트는 냄새가 많이 나고, 건조 시간이 길기 때문에 페인팅 하루 전 낙서를 지우는 작업을 하는 것이 좋다.

유성 페인트는 1회만 칠해도 충분하며, 1회 칠 후 낙서가 보인다면 한 번 더 칠하거나 젯소를 칠한 후 페인팅을 진행하면 된다.

유성 페인트를 칠하는 것은 추후 낙서가 스며 나오지 못하도록 도와주는 역할을 위한 것이지 커버가 목적이 아니기 때문에 2~3번 덧칠하여 낙서를 완벽하게 가려줄 필요는 없다.

커버가 필요한 경우에는 젯소를 이용하거나, 어두운 색 페인트를 칠하는 것으로 대신할 수 있다.

❶ 나사 / 타카 자국 ——— 가구나 문짝 등을 리폼할때 나사나 타카를 박았던 흔적들이 남아있는 경우가 많다. 이때 이 부분을 보수하지 않고 페인트를 칠하게 되면 페인팅 후 자국이 남아 리폼 후 완성도가 떨어지게 된다. 보기 싫은 나사/타카 자국은 깔끔하게 보수한 후 페인트를 칠하는 것이 좋다.

메꾸미 이용하기

나사가 있는 곳에 메꾸미(우드필러)를 채운 후 헤라를 이용하여 펴준다.

우드필러가 건조된 후 사포로 표면을 샌딩한다. 건조 시간은 우드필러의 두께에 따라 다르다.

목다보 이용하기

구멍에 목공본드를 소량 넣어준다.

목다보를 구멍에 넣어준 후 다보 톱을 이용하여 절단한다.

사포를 이용하여 표면을 샌딩한다.

나사 자국이 말끔히 사라졌다.

❷ 습기 먹은 욕실 문 ——— 오래된 아파트는 욕실 문 하단이 욕실 내부의 습기로 인해 썩어버린 경우가 많다. 이 경우 문짝을 새로 교체하면 비용이 많이 들기 때문에 문짝 교체를 하는 것은 쉬운 일이 아니다. 문의 상태에 따라서 달라지겠지만 어느 정도의 문제는 하자보수와 페인팅으로 문짝 교체 없이, 이전보다 깔끔하게 만들 수 있다.

오래된 아파트는 다른 곳보다 욕실 문의 상태가 좋지 않다. 문틀은 물론이고, 문짝 하단이 습기로 인해 썩거나 들떠있는 경우가 많다.

습기로 인해 문짝 하단이 갈라지고 들떠있는 모습이다. 한 번의 하자보수가 이루어진 흔적이 있지만, 잘못된 하자보수로 인해 상태가 좋지 않았다.

하자보수를 진행할 때는 올바른 방법으로 진행을 해야 추후 다시 작업하는 일을 방지할 수 있다.

 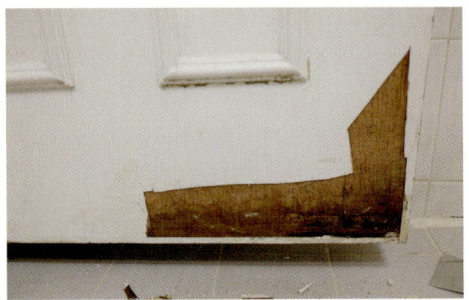

썩어서 들떠버린 부분은 커터 칼을 이용하여 말끔하게 도려낸다. 손으로 떼어낼 수 있는 부분을 먼저 떼어낸 후 나머지 부분을 칼로 도려내면 좀 더 쉽게 할 수 있다.

헤라를 이용하여 핸디코트를 펴 발라준다.

핸디코트가 완전히 건조된 후 200방 사포를 이용하여 샌딩한다.

 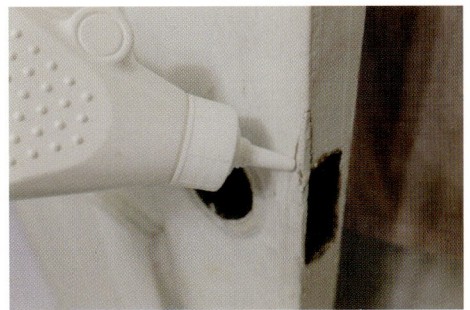

깨진 곳은 목공본드를 발라준 후 부착한다.

이때 마스킹 테이프를 부착하여 깨진 부분이 잘 붙을 수 있
도록 해준다.

- 들뜬 부분들을 말끔하게 제거해주어야만 추후에 문짝이 다시 들뜨는 일을 방지할 수 있다. 썩은 부분을 제거한 후에는 충분히 건조를 해주어 안쪽에 남아있는 습기를 제거해야 한다. 습기를 제대로 제거하지 않으면 하자보수와 페인팅 후 안쪽 습기로 인해 문짝이 다시 들뜰 수 있다.

- 핸디코트는 마르면서 수분이 날아가기 때문에 부피가 줄어든다. 따라서 핸디코트는 도려낸 부분보다 넓게, 그리고 조금 도톰하게 발라주는 것이 좋다. 고르지않은 면과 덧발라진 곳은 건조 후 사포를 이용하여 샌딩해주면 되기 때문에 어느 정도 두께감 있게 발라주는 것이 좋다.

- 사포질을 할 때, 가루날림이 심하다면 분무기에 물을 담아 사포에 적당량을 뿌려준다. 문틀이나 문짝의 곳곳에 깨진 부분도 동일한 방법으로 보수한다.

❸ 느슨해진 경첩 보수하기 ——————— 간혹 방문이 잘 닫히지 않거나, 뻑뻑하게 닫히거나, 혹은 전혀 닫히지 않는 경우가 있다. 보통 이유를 몰라 그냥 사용하는 경우가 많은데, 이는 대부분 경첩을 고정하는 나사가 헐거워지면서 경첩이 느슨해져 문이 기울어졌기 때문이다. 이때는 느슨해진 경첩을 다시 조여주는 것만으로도 문제를 쉽게 해결할 수 있다.

느슨해진 경첩을 다시 조이기 위해 나사를 돌려주더라도 헛도는 경우가 있는데, 이것은 나사 구멍이 커졌기 때문이다. 나사 구멍이 이미 늘어나 있다면 아무리 나사를 돌린다 해도 헐거워진 구멍 탓에 나사가 빠지게 된다.

그렇다보니 대부분 포기하고 지내게 되는데, 이 상태로 계속 사용할 경우 문이 뻑뻑하게 닫히다 보니 마찰이 일어나 문 옆면의 페인트가 쉽게 벗겨진다. 특히 기존 방문을 페인트로 리폼한 경우라면 얼마 못 가 문의 옆면과 문틀 부분의 페인트가 떨어질 수 있으니, 보수를 해주는 것이 좋다.

나사 제거하기

먼저 헐거워진 나사를 제거한다. 이미 헐거워졌기 때문에 드라이버를 이용하면 나사가 헛돌면서 앞으로 나오지 못할 수도 있는데, 이때는 펜치 등을 이용하여 앞으로 잡아당기면 쉽게 제거할 수 있다.

경첩의 나사를 한 번에 많이 제거하면 문이 기울어질 수 있다. 나사는 한 번에 하나, 혹은 두 개 정도만 제거하고 작업을 하는 것이 좋다.

넓어진 나사 구멍을 채워주어야 하는데, 이때는 나무젓가락이나 이쑤시개를 이용하면 된다. 구멍의 크기가 크다면 나무젓가락을 사용하고, 구멍의 크기가 작다면 이쑤시개를 2~3개 정도 넣어 메꿔준다. 나무젓가락은 니퍼를 이용하여 절단한다.

나무젓가락은 경첩 위치까지의 길이에 맞춰 자르고, 그곳에 나사를 박아 경첩을 고정시킨다. 나사가 더 이상 헛돌지 않고 단단하게 조여지는 것을 확인할 수 있다. 동일한 방법으로 나머지 나사들도 작업한다.

느슨해진 경첩을 다시 조여주니 문틀에 걸려 닫히지 않던 문이 잘 닫히게 되었다.

헐거워진 경첩 때문에 제대로 닫히지 않는 싱크대 문짝, 가구 문 등도 동일한 방법으로 보수할 수 있다.

페인트를 칠하기 전 보양작업을 꼼꼼하게 해주면 페인트가 튀거나 흐를 걱정 없이 페인팅할 수 있을 뿐 아니라, 페인트가 묻지 않아야 할 곳과 칠해져야 하는 곳을 완벽하게 구분해주어 깔끔한 작업물을 얻을 수 있다.

마스킹 테이프

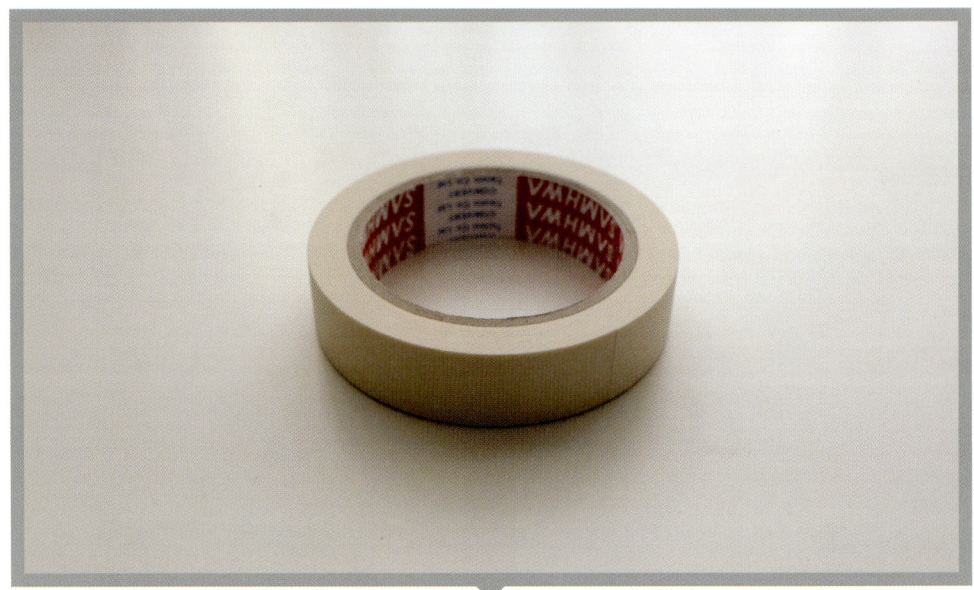

마스킹 테이프는 방문 손잡이, 경첩, 문틀, 콘센트 등 페인트가 묻지 않아야 할 곳에 부착한다. 커버링 테이프 사용 전 마스킹 테이프를 먼저 부착해주는 것이 좋다.

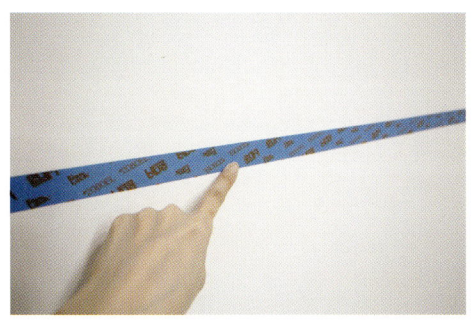 

마스킹 테이프는 접착력이 좋아서 벽지 위에 세게 부착할 경우 제거 시 벽지가 찢어질 수 있기 때문에, 벽지에는 페인트와 닿는 경계 부분 1~2mm 정도만 세게 부착하는 것이 좋다.

페인트가 건조된 후에는 마스킹 테이프를 제거해야 하는데, 이때는 페인트가 반건조 상태여야 한다. 페인트가 완전히 건조된 후 제거하면 경계 부분의 페인트가 함께 벗겨질 수 있으며, 마스킹 테이프를 장시간 방치할 경우 벽지와의 밀착력이 높아져 떼어낼 때 벽지가 손상될 확률이 높다.

커버링 테이프

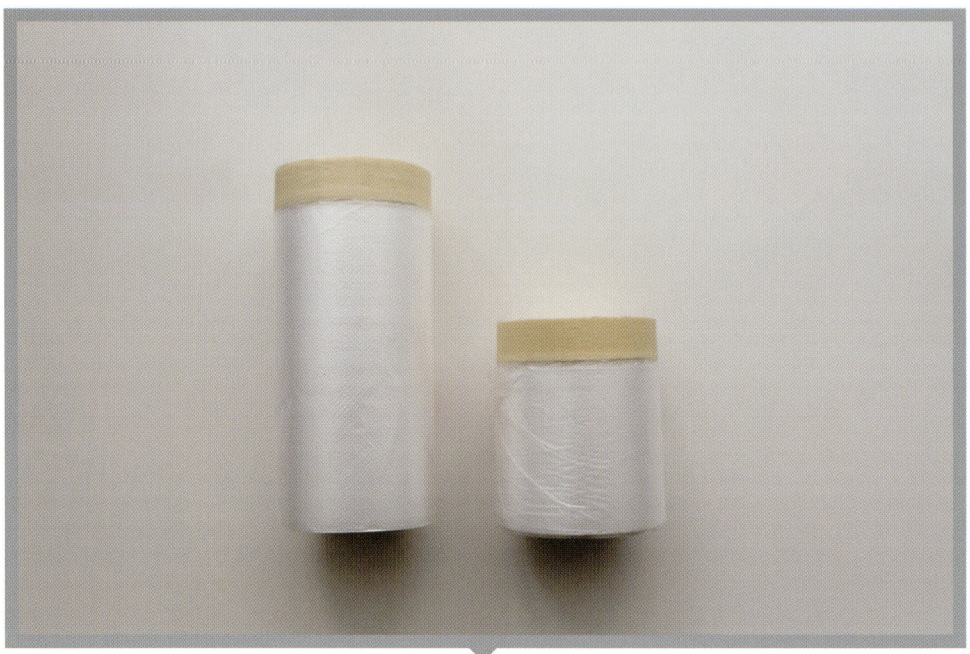

바닥, 벽 전체, 주변의 가구 등 커버할 면적이 넓은 곳은 커버링 테이프를 이용하여 보양작업한다. 커버링 테이프는 비닐이 부착된 테이프로, 펼쳤을 때 폭이 45cm / 90cm / 150cm등 다양하기 때문에 사용할 장소에 따라 사이즈를 다르게 한다.

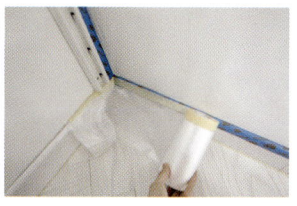 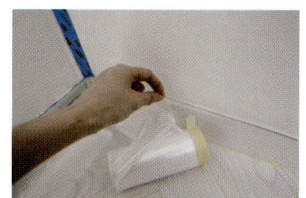 

부착 후 비닐이 당겨지면서 테이프가 떨어질 수 있으므로 단독으로 사용하는 것보다는 마스킹 테이프 부착 후 사용하는 것이 좋다.

손으로 쉽게 절단 가능하며, 부착할 곳의 좌우 10cm 정도 여유 있게 잘라주는 것이 좋다.

 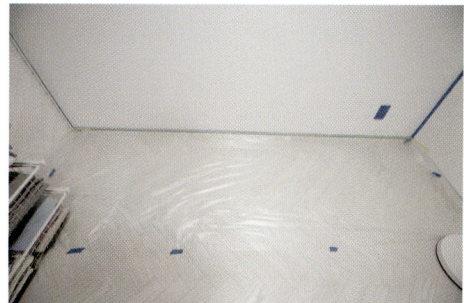

비닐 부분은 움직이지 않도록 마스킹 테이프를 부착하여 고정한다.

붓과 롤러는 사용할 곳에 맞는 사이즈와 종류로 준비한다. 붓과 롤러를 바짝 마른 상태에서 바로 사용할 경우 페인트가 제대로 흡수되지 않아 잘 칠해지지 않을 뿐 아니라 묻어있는 페인트가 쉽게 마르게 되고, 추후 세척이 제대로 되지 않는다. 또한 마른 상태로 사용하면 페인트가 쉽게 말라 계속 페인트를 묻혀주어야 하기 때문에 페인트 소모량이 늘어난다.

붓

붓에 물을 묻힐 때는 전체에 묻히지 말고 3/4 정도까지만 묻히는 것이 좋다. 이때 모를 잡고있는 쇠 부분에 물이 들어가지 않도록 주의한다. 붓은 페인트를 2/3 이상 묻히지 않고 사용한다.

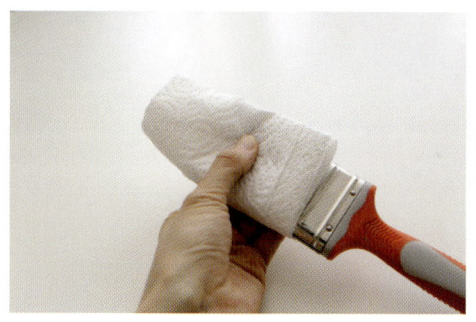

붓을 세척해서 사용해야 하는 경우라면 티슈 등을 이용하여 물기를 제거한다. 물기를 완전히 제거하지 않으면 페인팅할 때 물이 흘러내리거나, 페인트가 묽어지게 된다.

세척할 때는 모 사이사이에 페인트가 남아있지 않도록 모를 펼쳐주며 세척한다. 페인트 스터러를 이용하여 모를 쓸어내려 주면 모 사이에 남아있는 페인트를 보다 쉽게 제거할 수 있다.

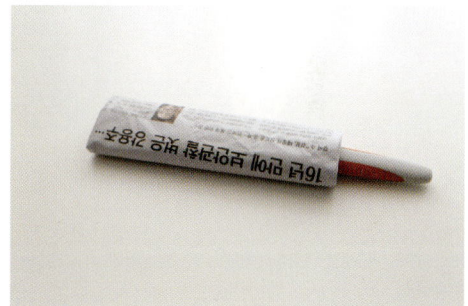

세척한 붓은 물기를 완전히 제거하고 신문지 등에 감아 보관하면 붓의 손상을 줄일 수 있다.

롤러

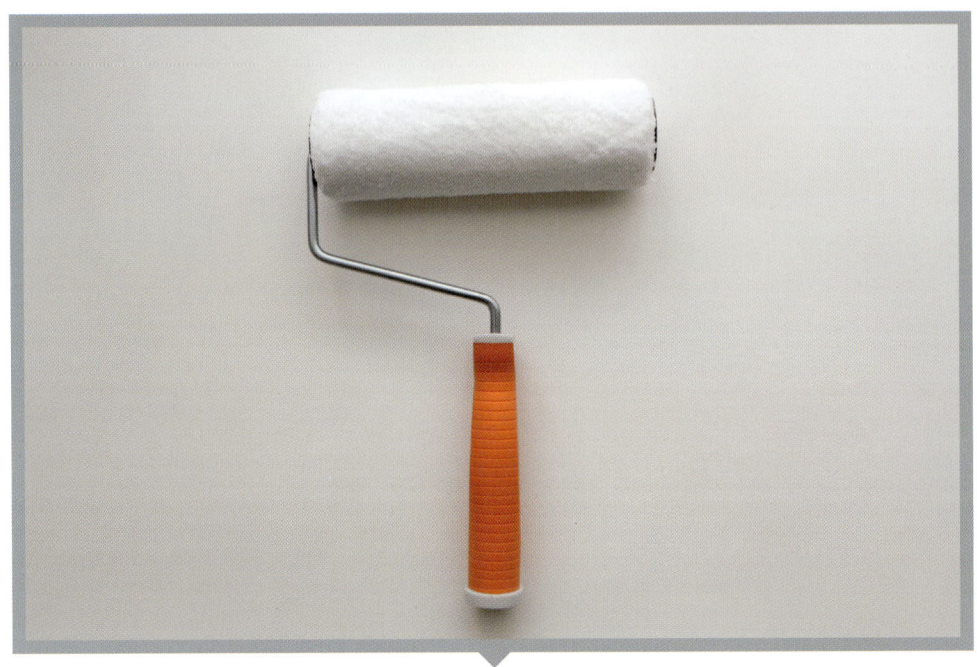

롤러는 전체에 페인트를 묻혀서 사용해야 하기 때문에 전체에 물을 묻혀야 한다.

분무기를 이용하여 롤러 표면에 충분히 물을 뿌려준다. 분무기가 없다면 물통에 담그거나 흐르는 물을 이용해도 된다.

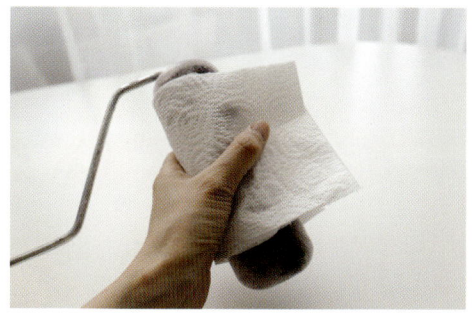

마른 헝겊이나 티슈 등을 이용하여 물기를 제거한다. 이때 붓과 마찬가지로 물기를 완전히 제거해야만 롤러 사용 시 물이 흘러나오지 않는다. (롤러는 물을 많이 흡수하기 때문에 마른 헝겊 사용 전 손으로 물기를 충분히 짜주는 것이 좋다.)

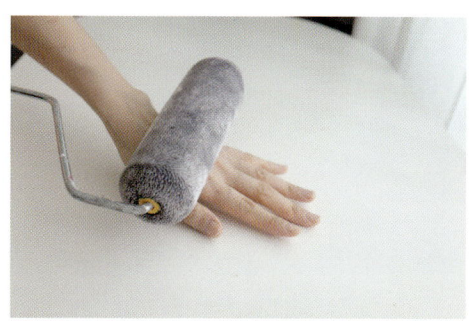

롤러를 손등에 굴렸을 때 손등에 물이 묻어나지 않을 정도로 물기를 제거해야 한다. 주방에서 행주를 널기 전 물기를 꽉 짠 정도를 생각하면 된다.

사용한 롤러는 미지근한 물에 1시간 정도 담근 후 세척한다.

롤러에 흡수된 페인트가 많기 때문에 안쪽에 있는 페인트를 손으로 밀어내주듯 닦는다. 맑은 물에 여러 번 세척하는 것이 좋으며, 중성세제를 이용하면 좀 더 깨끗하게 세척할 수 있다.

세척 후에는 물기를 완전히 제거한 후 건조한다.

페인트 컬러 정하기

페인팅을 하기 전 가장 많은 고민을 하는 것이 바로 컬러이다. 우리 집에 어울리는 컬러가 무엇인지, 내가 좋아하는 컬러가 무엇인지를 몰라 많은 고민을 하게 되고, 애써 고른 컬러가 마음에 들지 않는 경우도 많다. 올바른 컬러 선택으로 실패 없는 페인팅을 완성해보자.

페인트 작업을 할 때 가장 어려운 부분이 바로 컬러 선택이다.

많은 컬러 중 우리 집에 어울리는 컬러를 찾아내기란 여간 어려운 것이 아니며, 컬러 선택만 잘해도 페인팅의 절반은 성공했다고 이야기할 수 있다. 컬러를 결정할 때는 단순히 예쁜 컬러를 고르기보다 페인트가 칠해질 곳의 전체적인 톤과 컬러를 알아본 후 선택하는 것이 좋다.

컬러만큼 취향을 정확히 반영해주는 것도 드물다.

옷을 고를 때 내가 선호하는 컬러의 옷을 구매하게 되는 것처럼 페인팅을 할 때도 내가 좋아하는 취향의 컬러를 사용하게 된다. 그렇다면 내가 좋아하는 컬러를 알아보는 방법에는 무엇이 있을까?

우리 집 가구 컬러보기　　나의 컬러 취향을 정확히 모르겠다면 우리 집에 있는 가구들을 둘러보자. 무의식 중에 내가 좋아하는 컬러의 가구를 구입하게 되기 때문에 전체적으로 사용한 컬러만 잘 파악해도 내가 어떤 컬러를 좋아하는지 알게 된다. 브라운 컬러를 좋아하는 사람이라면 원목가구가 많이 있을 것이고, 원목에 어울리는 아이보리 계열의 가구가 많이 보일 것이다.

옷장 들여다보기　　옷은 컬러 취향이 정확히 나타나는 부분 중 하나이다. 옷장 안에 걸려있는 옷을 자세히 살펴보면 내가 좋아하는 컬러가 눈에 들어온다. 평소 블랙과 화이트 컬러를 좋아하는 사람이라면 옷장에서 블랙/화이트/그레이의 무채색 옷들이 주를 이룰 것이다.

빨주노초파남보의 컬러보다
더 중요한 것이 바로 톤을 맞추는 일이다.

컬러 선택이 어렵다면 톤을 맞추는 것만으로도 실패확률을 줄일 수 있다. 명도
(색의 밝고 어두운 정도), 채도(색의 선명한 정도)로 구분하는 것뿐만 아니라
색의 온도를 맞추는 일도 중요하다.

웜톤/쿨톤 조합의 잘된 예　색 온도는 웜톤/쿨톤으로 나뉘는데 따뜻한 온도의 컬러는 웜톤, 차가운 온도의 컬러는 쿨톤이라고 한다. 같은 핑크색이라도 웜톤과 쿨톤으로 나뉘기 때문에 페인트 칠할 곳의 톤이 무엇인지를 확인한 후 컬러를 선택한다면 실패확률이 줄어든다.

웜톤(WARM TONE)　　　**쿨톤**(COOL TONE)

웜톤/쿨톤 조합의 잘못된 예

핑크와 그레이는 매치하기가 쉬운 컬러이기 때문에 둘의 조합이 이상할 수 없을 것이라는 생각이 든다. 하지만 차가운 톤의 핑크와 따뜻한 톤의 그레이가 만난다면 어딘지 모르게 부자연스러운 느낌을 받게 되는데, 이것이 바로 톤(색 온도)이 맞지 않은 경우이다.

벽지 페인팅을 할 계획이라면 방의 전체적인 톤을 알아봐야 한다. 칠하지 않을 곳의 벽지 컬러, 바닥 컬러, 큰 가구의 컬러를 알아보고, 그들의 톤을 생각해본 후 페인트 컬러를 선택한다. 컬러를 선택할 때 모든 가구를 다 체크할 필요는 없다. 칠할 곳에서 가장 큰 면적을 차지하는 한두 가지 정도면 되는데, 방의 경우 바닥, 옷장 정도가 큰 면적을 차지하기 때문에 이 두 개의 컬러만 정확히 파악해두면 어울리는 컬러를 찾는 것은 그리 어렵지 않다.

같은 컬러라 할지라도 장소에 따라 다르게 표현된다.

채광이 좋은 곳과 그렇지 않은 곳에서 보이는 컬러가 다르고, 형광등인지 자연
광인지에 따라서도 달라지며, 아침/점심/저녁에 보는 컬러가 다르다. 또한 어
느 어떤 컬러와 함께 사용되느냐에 따라서도 달라지기 때문에 컬러를 선택할
때는 많은 부분을 생각해야 한다.

사용하고 싶은 컬러가 있다면 눈으로만 확인하는 것보다는 페인트가 칠해질 공간에 직접 컬러를 대어보는 것이 도움이 된다. 채광이 좋은 장소라면 햇살을 받았을 때의 컬러감을 판단할 수 있기 때문에 페인트가 칠해졌을 때의 컬러를 눈으로 확인하고 예상할 수가 있다. 페인트를 구입하다 보면 예상했던 컬러와는 전혀 다르게 구현되는 경우가 있는데 이런 경우는 대부분 칠해질 곳의 상황을 생각하지 못하고 컬러만을 보고 판단했기 때문이다.

가장 좋은 방법은 사용할 컬러를 칠할 공간에서 아침부터 저녁까지 관찰하는 것인데, 그 사이 자연광에서의 모습과 형광등을 켰을 때의 모습, 해가 진 후의 모습까지 모두 확인할 수 있기 때문이다.

채광이 좋은 신혼집 침실은 살굿빛이 도는 핑크색 페인트로 페인팅을 해주었는데 전혀 어둡게 느껴지지 않았고, 마치 복숭아를 보는 것 같은 상큼함이 느껴졌었다. 햇살 덕분에 핑크보다는 살굿빛에 더 가깝게 느껴졌다.

침실 페인팅 후에는 남아있는 페인트를 친정집 주방 벽에 칠했다. 친정집 주방은 해가 들어오지 않는 곳에 위치해 낮에도 형광등을 켜야 했는데, 신혼집 침실과 같은 컬러임에도 톤 다운된 핑크빛을 띠었다. 똑같은 컬러이지만 채광에 따라 전혀 다르게 보이는 것을 확인할 수 있다.

컬러는 톤이 중요하다. 페인팅할 컬러와 공간의 톤은 맞춰주는 것이 좋은데, 이때는 색의 온도를 맞춰주는 것과 명도를 맞춰주는 방법이 있다.

컬러를 많이 사용해본 사람이라면 과감한 컬러 조합으로도 세련된 공간을 만들 수 있지만, 그렇지 않은 경우라면 과감한 컬러 조합보다는 안정된 컬러 조합을 사용하는 것이 좋다.

예를 들어 집에 있는 가구가 웜톤의 짙은 브라운 컬러로 되어 있을 때, 웜톤의 그레이로 벽지 페인팅을 하면 실패확률이 줄어든다.

WHITE
화이트

- - - - - - - -

COOL WHITE
쿨 화이트

WARM WHITE
웜 화이트

화이트 컬러에도 톤이 존재한다. 순수한 백색을 기준으로 노란빛을 띠는 웜톤의 화이트와, 푸른빛을 띠는 쿨톤의 화이트 등 화이트에도 여러 종류가 있다. 화이트로 페인팅하고 싶지만 차가운 느낌이 들까 걱정될 때, 노란빛이 감도는 웜톤의 화이트를 선택하면 깔끔하면서도 따뜻한 느낌을 함께 연출할 수 있다. 이때 원목가구 등을 이용하면 따뜻하면서도 내추럴한 인테리어를 완성할 수 있다.

[TIP]

웜톤과 쿨톤의 화이트를 확인하는 방법은 매우 간단하다. A4용지는 순수한 백색의 기준이 되므로, A4용지를 가구 위에 대어 노란빛을 띠는지, 푸른빛을 띠는지 확인하면 톤을 확인할 수 있다.

다양한 컬러들이 섞여 하나의 색을 완성하게 되는데, 만들어진 컬러마다 들어가 있는 색의 조합과 비율이 달라진다. 회색도 여러 종류의 회색이 있다. 진한 것과 진하지 않은 것, 붉은빛이 도는 회색과 푸른빛이 도는 회색 등 다양한데, 한 번에 두 개의 컬러를 골라야 할 때는 색의 비율을 잘 알면 보다 쉽게 선택 할 수 있다.

가령 파란색이 들어간 회색을 사용하고 싶고, 여기에 어울리는 보라색을 찾고 싶을 경우 보라색 역시 파란색의 비율이 높은 것으로 구입하면 실패확률이 줄어든다. 이렇게 선택하면 자연스럽게 컬러의 색온도가 맞게 되고, 전체적인 톤도 맞출 수 있다.

페인트 주문하기

페인트를 어디에서 어떻게 구입해야 하는지를 몰라 구입조차 하지 못하는 사람들이 많다. 다양한 브랜드들이 온라인과 오프라인 매장을 운영하고 있으며, DIY 쇼핑몰 등에서도 손쉽게 페인트를 구입할 수 있다.

페인트는 온라인/오프라인에서 모두 구입 가능한데, 막상 페인트를 칠하려 하면 어느 곳에서 구입해야 할지 막막할 수 있다. 어디에서 무엇을 사야 하는지 고민하다가 페인팅을 포기하기도 하고, 잘못된 제품을 구입하는 경우도 있다.

홈앤톤즈
대치동 매장

요즘은 페인트 브랜드별로 오프라인 매장을 운영하고 있어 직접 방문하여 상담을 받은 후 페인트를 구입할 수 있으며, 페인트 회사에서 직접 운영하는 아카데미 등을 이용하여 페인팅 방법도 배울 수 있다. 오프라인 매장을 방문하는 경우 페인팅할 곳을 미리 사진을 찍어 방문한다면 컬러 상담 때 도움을 받을 수 있다. 사진은 한 장만 찍는 것보다는 전체적인 전경이 보이는 사진 여러 컷을 가져가는 것이 좋은데, 빛에 따라 공간의 컬러가 다르게 보이기 때문이다.

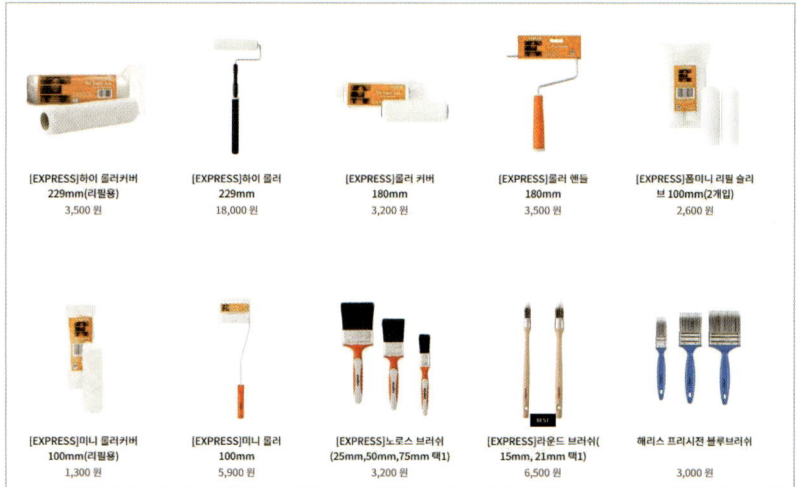

페인트 브랜드마다 자체 쇼핑몰을 운영하고 있다. 개별 브랜드 쇼핑몰을 이용하여 페인트를 구입하거나, 다양한 브랜드를 한 곳에서 비교하여 구입할 수 있는 DIY 쇼핑몰 등을 이용하면 된다.

페인트는 브랜드마다 컬러가 다르기 때문에 각각의 쇼핑몰에서 제공하는 컬러 칩을 이용해 원하는 컬러를 선택하여 주문한다.

브랜드마다 판매하는 페인트의 컬러와 제형, 발림성 등이 다르다. 누군가에게 는 좋은 페인트가 누군가에게는 좋지 않은 페인트로 기억되는 경우가 있는데, 이는 페인트를 칠하는 사람과 페인트와의 궁합이 맞지 않는 경우이다. 가장 좋 은 방법은 다양한 브랜드의 페인트를 구입하여 사용해보고 나에게 잘 맞는 브 랜드를 찾는 것이다.

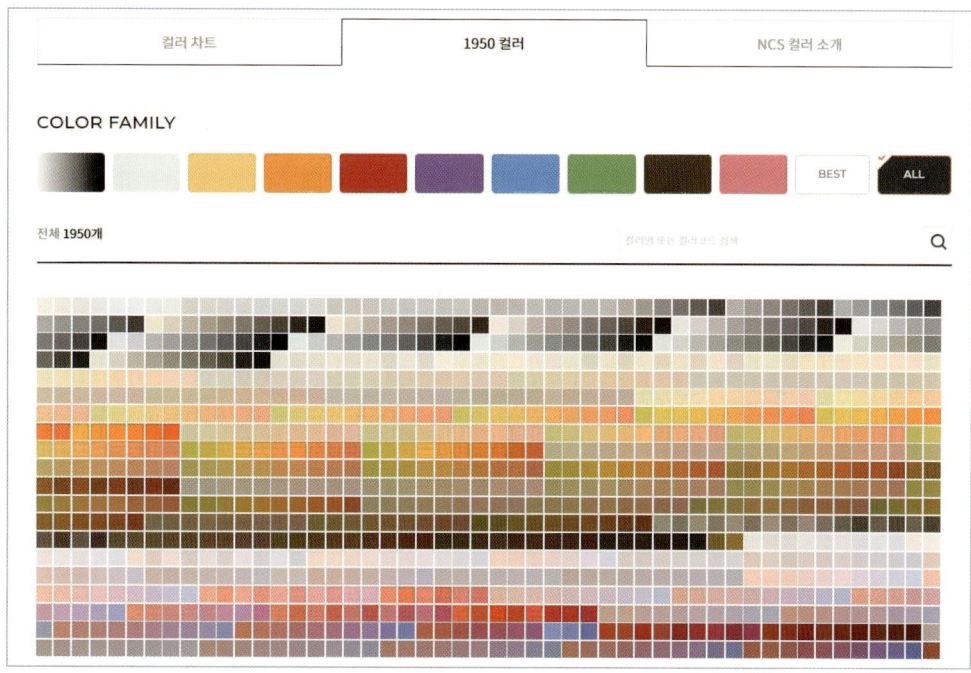

홈앤톤즈 쇼핑몰
페인트 컬러 차트

온라인으로 페인트를 구입할 경우 컴퓨터 화면을 통해 컬러를 확인하게 된다. 컴퓨터는 해상도가 각각 다르기 때문에 컬러를 정확히 구분하기가 어렵다. 때문에 컬러를 선택할 때는 컴퓨터 해상도를 고려하여 구입해야 한다. 간혹 해상도를 고려하지 않고 주문을 한 경우, 예상과는 전혀 다른 컬러의 페인트가 배송돼 당혹스러운 경우가 있다. 페인트는 주문 후 조색되기 때문에 반품이 어려우므로, 신중히 생각하고 주문해야 한다.

시중에 많이 판매되고 있는 페인트 중 유명한 제품들로는 홈앤톤즈, 벤자민무어, 던에드워드, 팬톤, 베어 페인트 등이 있다. 이 중 홈앤톤즈는 국내 브랜드 제품이며 나머지는 해외 브랜드 제품이다.

벤자민무어는 많은 컬러를 보유하고 있어 컬러 선택의 폭이 넓다. 하지만 타 페인트에 비하여 가격대가 높은 편이다. 던에드워드의 경우 기능성 페인트 등 다양한 종류의 페인트가 판매되고 있으며 오프라인 매장의 수가 많은 편이다. 홈앤톤즈는 국내 최초 아토피인증을 받은 페인트이며, 해외 브랜드의 제품들에 비해 낮은 가격대로 구입할 수 있다. 홈앤톤즈 대치점 등의 오프라인 매장에서는 페인팅을 보다 쉽게 접근할 수 있도록 일반인들을 대상으로 한 페인팅 교육을 꾸준히 진행하고 있다.

다양한 용도별
페인트

페인트는 용도를 구분하여 구입한다. 벽지용/ 방문, 가구 리폼용/ 베란다용/ 욕실용 등 칠할 곳에 맞는 페인트를 구입하는 것이 중요하다.

각각의 페인트는 칠할 곳의 특성에 맞도록 특화되어 있기 때문에 사용할 장소에 따라 적절하게 선택하는 것이 좋다.

벽지용 페인트는 광이 없거나, 광이 조금 있는 에그쉘광 페인트를 주로 사용한다. 벽지는 광이 없는 것이 고급스럽게 느껴지기 때문에 무광을 선호하지만 무광은 오염에 약하다는 단점이 있어 주방이나 어린 아이의 방을 꾸며줄 때는 오염이 부담스러울 수 있다.

오염이 부담스러운 곳이라면 광이 있는 페인트를 선택하고, 그렇지 않은 경우라면 무광 페인트를 선택하면 된다. 광이 많은 페인트를 사용하면 조명에 의한 빛 반사로 눈이 피로할 수 있으니 이점을 유의해야 한다. 천장을 칠할 때는 무광을 선택하는 것이 빛 반사로 인한 눈부심을 예방할 수 있다.

[TIP]

벽지용으로 구입한 무광 페인트가 많이 남아있는 경우, 벽지가 아닌 다른 곳에 칠을 해도 되는지에 대한 의문이 생긴다. 만약 벽지용 무광 페인트를 방문에 칠하고 싶다면 페인팅 후 바니시를 2회 정도 칠해주면 되고, 가구나 소품 등에 페인팅을 해도 된다. 다만 무광 페인트는 오염에 약하기 때문에 페인팅 후 바니시를 2~3회 정도 칠해주면 오염을 예방할 수 있다. 벽지용, 방문용, 가구용으로 용도를 구분해 놓은 것은 칠할 곳에 좀 더 특화되도록 만들어졌을 뿐, 그 외 다른 곳에 사용을 할 수 없는 것은 아니기 때문에 남은 페인트는 버리지 말고 다양하게 활용하면 된다.

페인트 구입 시 얼마 정도의 양을 구입할지 계산해야 한다.

페인트를 부족하게 구입하면 페인트칠을 하는 도중 페인트가 바닥나는 일이 발생을 하는데, 이 경우 재주문을 하고 배송이 오기까지 2~3일을 기다려야하는 문제가 발생한다. 너무 많은 양을 구입한 경우에는 남은 페인트를 사용하지 못하고 방치하게 되는데, 페인트에도 유통기한이 있기 때문에 오래 방치하면 페인트가 상하기도 한다. 페인트는 칠할 면의 상태와 사용하는 도구에 따라서도 소모량이 달라질 수 있다. 따라서 사용할 도구와 칠할 면의 상태도 고려하여 소모량을 계산해야 한다.

페인트는 1L 단위로 판매된다. 브랜드마다 조금의 차이가 있어 0.9L를 1통으로 판매하는 곳도 있으니 구입 전 1통의 용량이 얼마인지 체크를 해주는 것이 좋다.

페인트 소모량 계산하기

※ 손실량과 표면 상태에 따라 도장 면적은 달라질 수 있다.

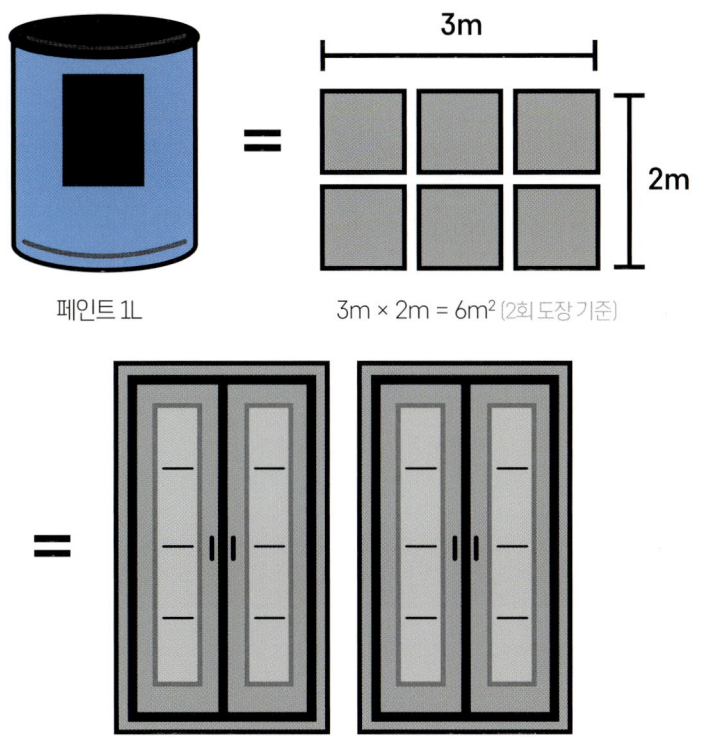

페인트 1L   3m × 2m = 6m² (2회 도장 기준)

방문 약 2개 (2회 도장 기준)

용량	벽	방문	가구	베란다
1리터	작은 방 1면	방문 1개 반	작은 가구 1개	베란다 벽 1면 (약 6m²)
2리터	작은 방 2면	방문 3개	작은 가구 2개	베란다 벽 2면 (약 12m²)
3리터	작은 방 4면	방문 5개	큰 가구 1개	베란다 벽 1면 (약 24m²)
4리터	30평 벽면	방문 16~20개	집안 모든 가구	집안 베란다 전체

자료 출처: 홈앤톤즈 인터넷 쇼핑몰

페인트 1L를 기준으로 계산을 해본다면, 2회 도장을 해주는 경우 1L의 페인트를 이용하여 3m × 2m 의 면적을 칠할 수 있다. 2개의 방문(문틀 포함)을 앞/뒤 모두 칠할 수 있는 양이다. 2회 도장을 기준으로 하였기 때문에 페인팅 횟수가 늘어난다면 페인트 소모량도 달라지게 된다.

이 양은 작은 방 1면을 칠할 수 있는 양으로, 25평 아파트 안방 1면 정도를 칠할 수 있다.

[TIP]

페인트의 양은 칠하는 사람, 칠하는 곳과 도구 등에 따라 달라지기 때문에 페인트를 구입할 때는 사용할 도구와 장소를 생각한 후 용량을 계산해야 한다. 용량은 2회 칠을 기준으로 하며, 흰색과 같은 밝은 계열의 색상이나, 블랙과 같은 짙은 컬러의 경우 3회 이상 칠을 해야 할 수도 있으므로 이 부분도 고려해야 한다.

예) 25평 아파트 안방의 4면을 모두 페인트를 칠한다고 가정해보면 총 4리터의 페인트가 소요된다 생각하지만, 창문과 방문을 제외한다면 3.5L 정도의 페인트가 소모된다. 창문의 크기, 페인팅 횟수 등에 따라서 페인트 소모량은 달라질 수 있다.

페인트 올바르게 사용하기

어떤 물건이든 각각의 사용법과 보관방법에 따라 올바르게 사용을 한다면 보다 편리하고, 오랜기간 사용이 가능하다. 페인팅 역시 올바른 사용방법을 익히면 보다 쉽고, 빠르고, 편리하게 할 수 있다.

[페인트 사용하는 방법]

페인트는 칠하는 것만큼이나 올바르게 사용하는 것이 중요하다.

페인트는 칠만 잘 하면 된다고 생각하지만 기초 작업을 얼마나 제대로 수행해 주었느냐에 따라 페인팅 결과물이 달라질 수 있다. 사소하다고 생각하는 사전 작업은 페인팅의 능률과 속도뿐 아니라 완성도까지도 결정짓는 중요한 문제이기에 제대로 수행해주어야 한다.

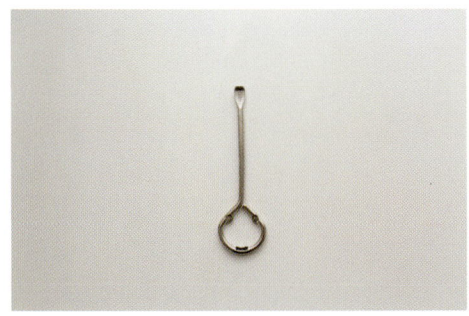

❶ **개봉하기**   페인트 오프너를 이용하여 개봉한다. 오프너는 페인트 구입 시 함께 제공받는 경우가 많다. 만약 제공받지 못했다면 집에 있는 일자 드라이버나 동전을 이용하여 개봉할 수 있다. 개봉할 때는 오프너를 뚜껑 아랫부분에 넣고 밀어 올려주면 되는데, 뚜껑이 매우 단단하게 닫혀있기 때문에 뚜껑을 돌려가며 밀어 올려주면 좀 더 쉽게 개봉할 수 있다.

❷ 섞어주기　페인트는 여러 개의 색이 섞여서 컬러를 만들어낸다. 만들어진 페인트는 색이 골고루 섞여 있지 않으며, 배송 중 시간이 경과됨에 따라 층이 분리되기도 한다. 따라서 전용 스틱 또는 나무젓가락 등으로 1분 이상 충분히 섞이준 후 사용해야 한다.

❸ 부어주기　페인트를 따라주면 페인트 통 입구 주변에 페인트가 묻어 지저분해지는데, 이를 방지하기 위해 마스킹 테이프를 입구 주변에 부착해준다. 마스킹 테이프 부착 후 페인트를 따르면 통에 묻지않아 깔끔하게 따를 수 있다.

④ 농도 맞추기   페인트는 컬러마다 농도가 다르다. 어릴 적 사용하던 포스터칼라를 생각해본다면 빨강, 파랑, 노랑 원색의 포스터칼라는 묽은 반면 흰색, 핑크색 등은 되직했던 기억이 있는데, 이는 컬러마다 섞여 있는 색의 비율이 달라 농도가 다르기 때문이다. 흰색의 비율이 높아질수록 농도가 짙어 걸죽해지고, 흰색의 비율이 낮아질수록 농도가 옅어 묽어진다.

농도가 짙은 페인트는 뻑뻑하기 때문에 잘 칠해지지 않을 뿐만 아니라 붓 자국이 심하게 생기기도 하고, 뭉치는 곳이 발생하기도 한다. 때문에 페인트에 적당량의 물을 섞어 칠하기 좋은 농도를 만들어주면 발림성이 좋아져 보다 쉽게 페인팅이 가능하다.

페인트에 물을 섞을 때는 양을 조절하는 것이 중요하다. 페인트 컬러마다 농도가 다른 것처럼, 사용하는 페인트에 따라 섞어주는 물의 양이 다르기 때문이다. 물을 섞을 때는 페인트의 10%를 넘지 않도록 해주는 것이 좋다. 하지만 이것은 기준일 뿐 페인트 컬러마다 농도가 다르기 때문에 그때그때 상황에 맞게 물의 양을 조절한다. 개봉 후 시간이 경과한 페인트는 수분이 증발하여 처음 개봉 때와 농도가 다르다. 동일한 컬러라도 사용 시점에 따라 물의 양이 달라질 수 있다.

물을 섞을 때는 페인트 통에 바로 부어서는 안된다. 페인트는 물과 섞이면 쉽게 상할 수 있다. 또한 실수로 많은 양의 물을 넣었을 때, 여분의 페인트가 없기 때문에 묽어진 페인트 농도를 조절할 방법이 없게 된다. 페인트에 물을 섞을 때는 사용할 만큼의 적정한 양을 별도의 용기에 덜어준 후, 물을 한 번에 붓지 말고 일회용 숟가락 등을 이용하여 조금씩 섞어가며 농도를 체크한다.

눈으로는 알맞은 농도를 확인하기 어렵기 때문에 붓을 이용하여 테스트를 해주는 것이 좋다.

물을 섞은 페인트를 붓에 묻혀 칠해본다. 페인트가 붓의 처음과 끝부분까지 말끔하게 칠해진다면 농도가 알맞은 경우이지만, 칠이 잘 되지 않거나 페인트가 흘러내리는 경우는 농도가 맞지 않은 것이기 때문에 물을 추가하거나 페인트를 추가하여 농도를 맞춘다.

[TIP] ────────────────────────────────

수성 페인트를 사용할 때는 물을 넣어 농도를 맞추지만, 유성 페인트는 물이 아닌 신너를 사용하여 농도를 맞춘다. 유성 페인트를 사용할 때 농도를 맞추기 위해 물을 사용해서는 안되며, 브랜드마다 기준이 다르기 때문에 물을 섞기 전 주의사항을 꼼꼼히 체크한다.

⑤ 페인트 중간 보관하기　　　페인트는 2회 칠을 기본으로 한다. 1차 페인팅이 끝난 후에는 페인트가 건조되는 시간이 필요한데, 이때 사용한 페인트와 도구를 제대로 보관하지 않는다면 2차 페인팅을 할 때 페인트와 도구를 새로 준비해야 한다. 페인트는 공기 중에 노출되면 마르기 때문에 사용한 붓과 롤러는 비닐에 넣은 후 밀봉하여 공기와의 접촉을 막아준다.

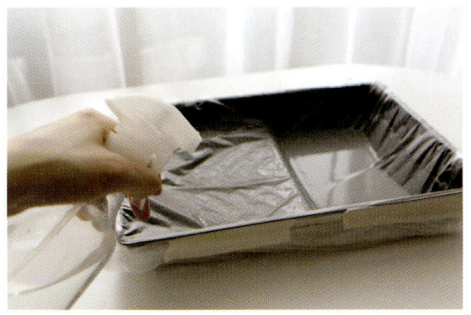 

비닐을 씌우기 전 분무기로 물을 뿌려주면 트레이에 묻어있는 페인트가 마르는 것을 방지하는 데 도움이 된다. 2차 페인팅 때는 트레이에 담겨있는 페인트의 수분이 증발하여 이전보다 농도가 짙어져 있기 때문에 물을 추가하여 농도를 조절한 후 페인팅한다.

[TIP]

트레이는 비닐을 씌워서 사용하면 세척의 번거로움을 줄일 수 있다. 큰 봉투나 커버링 테이프를 이용하여 트레이를 감싸주면 된다.

쿠킹호일 또는 접착식 랩을 이용할 수도 있다.

페인팅이 끝난 후에는 비닐을 벗겨내어 버리면 된다. 별도 세척을 할 필요가 없어 편리하다.

페인트칠이 끝난 후 남아있는 페인트는
밀봉하여 보관해야 한다.

공기가 들어갈 경우 페인트가 굳거나 상할 수 있다. 페인트를 모두 사용할 수 있는 상황이 아니라면 반드시 사용할 만큼의 페인트를 덜어서 사용하는 것이 좋다. 혹시 물에 희석한 페인트가 남았다면 원래의 용기에 다시 넣지 말고 별도의 용기에 보관하여야 하며, 빠른 시일 내에 사용해야 한다.

페인트 뚜껑은 손으로는 닫기 어렵기 때문에
망치나 나무막대기 등을 이용하여 뚜껑을 돌려가며 두드려준다.

뚜껑을 닫기가 어렵다면 커버링 테이프를 이용한다. 커버링 테이프를 페인트 통 둘레에 돌려준 후 비닐을 묶으면 되는데, 단기간에 재사용할 경우 이 방법을 사용하는 것이 좋지만 장기간 보관해야 할 경우라면 뚜껑을 이용하는 것이 좋다.

물에 희석한 페인트가 남았다면 원래의 용기에 다시 넣지 말고 별도의 용기에 보관하여야 하며, 빠른 시일내에 사용해야 한다.

[TIP]

수성 페인트의 경우 온도가 낮은 곳에 보관하면 페인트가 얼어버린다. 한 번 얼었다 녹은 페인트는 재사용이 불가능하기 때문에 겨울철 페인트를 보관할때는 베란다처럼 온도가 낮은 곳보다는 실내에 보관하는 것이 좋다.

페인트 칠하는 방법

붓에 페인트를 묻혀 칠한다고 페인팅이 되는 것은 아니다. 각각의 도구를 제 역할에 맞게 사용해야만 올바른 페인팅이 완성된다. 페인팅 과정을 쉽게 하고, 완성도 있는 결과물을 만들어주는 올바른 방법 숙지는 필수!

[붓 사용하는 방법]

붓을 올바르게 사용하면 페인팅 결과물이 좋고 작업속도가 빨라진다.

붓을 올바르게 사용하면 페인트칠이 쉬워질 뿐만 아니라 페인팅시 붓 자국이 생기지 않고, 작업 도중 페인트가 여러 곳에 흐르거나 튀는 일이 적다. 또한 붓을 오랫동안 재사용할 수 있으니 올바른 붓 사용 방법을 숙지한 후 사용하는 것이 좋다.

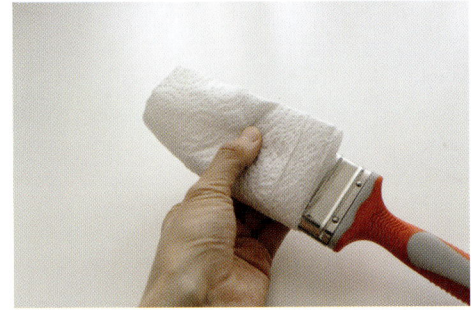

붓에 물을 묻힌 후 물기를 제거하여 준비한다.
(42쪽 도구 준비하기 참고)

붓의 1/2까지 페인트를 묻혀주고, 붓의 앞뒤에 묻어있는 페인트를 덜어낸다. 이때 안쪽의 페인트를 모조리 짜내는 것이 아닌, 앞 뒤에 묻은 페인트만 긁어내는 정도로 한다. 이렇게 하면 붓이 이동하면서 페인트가 바닥으로 흐르는 일이 없고, 붓에 묻어있는 페 인트의 양이 조절되기 때문에 한 번에 많은 양의 페인트가 칠해지는 것을 방지할 수 있다.

페인트를 덜어내지 않고 바로 사용할 경우 페인트 통 가운데 나무젓가락, 고무줄, 철사 등을 걸어주면 붓에 묻어 있는 페인트를 덜어내기가 쉽다.

고무줄(혹은 철사, 나무젓가락)에 붓을 긁어주며 페인트를 덜어낸다. 통 주변에 페인트가 묻어 흘러내리는 일이 없어 깔끔하게 보관이 가능하다.

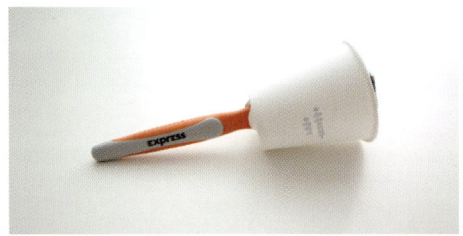

천장 등 높은 곳을 칠할 때는 페인트가 붓 손잡이 부분으로 흘러내려와 손에 묻거나, 바닥에 떨어지는 경우가 많다. 이때 손잡이 부분을 헝겊으로 묶어주거나 종이컵으로 씌워주면 페인트가 흘러내려와 손에 묻는 것을 방지할 수 있다.

붓은 눕히지 않고 세운 상태에서 힘을 주지 않고 자연스럽게 칠한다. 붓을 눕히거나 힘을 많이 주면 붓 자국이 생기기 쉽고, 페인트가 제대로 칠해지지 않거나 얇게 칠해지기도 한다.

롤러는 넓은 면적을 칠할 때 사용하면 효과적이다.

벽지나 큰 가구 등 넓은 면적을 페인팅해야 할 때 롤러를 사용하면 깔끔하게 칠해질 뿐 아니라 페인팅 시간을 절약할 수 있다. 하지만 제대로 칠을 하지 못하면 롤러 자국이 남거나 뭉치고 얼룩진 부분이 생기기 때문에, 올바른 롤러 사용법을 숙지한 후 페인팅을 해야 한다.

 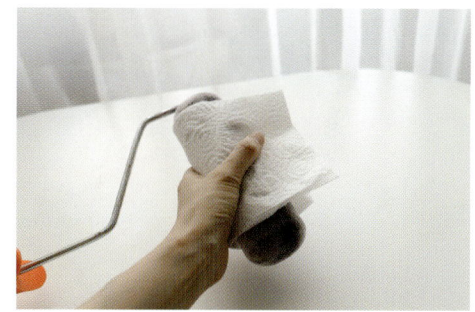

롤러를 사용하기 전에는 표면에 물을 묻혀야 한다. 바짝 말라있는 롤러는 페인트를 제대로 흡수하지 못하고, 페인트가 쉽게 말라 페인트를 많이 묻혀야 한다. 이 경우 계산한 용량과 맞지 않아 페인팅 도중 페인트가 모자란 상황이 발생하기도 한다. 또한 추후 세척이 제대로 되지 않아 롤러에 말라붙은 페인트가 남게 되고, 그만큼 롤러의 수명이 짧아지므로 반드시 물을 묻힌 후 페인팅해야 한다.

(44쪽 도구 준비하기 참고)

롤러는 붓과 달리 전체를 굴려가며 색을 칠하는 도구이기 때문에 롤러 전체에 페인트가 고르게 묻어있어야 한다.

트레이에는 오목한 부분과 평평하고 경사진 부분이 있다. 오목한 부분은 페인트를 담는 곳이고, 평평하고 경사진 곳은 롤러를 굴리며 롤러 전체에 페인트가 묻도록 도와주는 곳이다.

트레이는 여러가지 사이즈가 있는데, 사용하는 롤러의 크기에 따라 크기를 달리하여 사용한다.

롤러에 페인트를 묻히고, 평평한 곳에 자연스럽게 굴리며 전체에 페인트가 고르게 묻도록 한다. 처음 사용하는 롤러는 페인트를 묻히고 굴리는 동작을 5~6번 정도 반복한다. 힘을 많이 주면 안쪽에 흡수된 페인트가 새어 나올 수 있기 때문에 적당한 힘으로 롤러를 굴려준다.

롤러 전체에 페인트가 충분히 묻어있다. 이때 너무 많은 양의 페인트가 묻어있으면 페인팅 시 페인트가 흐르거나 튈 수 있으므로 너무 많은 양의 페인트를 묻히지 않도록 한다.

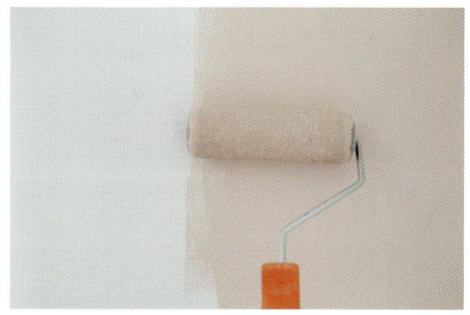

롤러에 페인트가 고르게 묻어있지 않은 경우 추가로 페인트를 더 묻혀준다.

롤러를 사용할 때는 힘을 빼고 자연스럽게 굴려가며 칠한다. 롤러에 힘을 주면 페인트가 얇게 칠해지고, 롤러에 묻어있는 페인트가 사방으로 튈 수 있다. 이때 뭉친 곳이 없도록 주의한다. 페인트가 뭉친 곳은 페인트가 잘 마르지 않을뿐더러 자국이 남을 수 있으니 잘 펴 발라 주는 것이 좋다.

붓과 롤러, 페인트 패드 등으로 페인트를 칠한다.

붓을 이용하여 모서리, 콘센트 주변, 몰딩 등 롤러로 칠하기 힘든 부분을 먼저 칠한 후 롤러를 이용하여 나머지 부분(넓고 평평한 곳)을 칠한다.

페인트는 2회 도장을 기본으로 한다. 1회 칠이 끝난 후에는 얼룩이 심하게 보이는데, 이는 당연한 것이니 신경 쓰지 않아도 된다. 1회 칠 후의 얼룩은 2회 도장으로 말끔히 사라진다. 밑색의 컬러, 사용하는 페인트 컬러, 칠하는 방법 등에 따라 페인트를 2회 이상 칠해야 하는 경우도 있으니, 2회 칠이 끝난 후 얼룩 등의 상태를 보며 추가 페인팅을 결정한다.

페인트가 덜 마른 상태에서 덧칠을 하면 칠해 둔 페인트가 떨어져 나오거나 뭉치는 일이 발생하기 때문에 페인트가 다 마른 상태에서 덧칠을 해야 한다.

2회 도장이 끝난 후 부분적으로 보이는 얼룩은 페인트가 건조된 후 부분 덧칠을 해준다.

❶ 붓으로 칠하기　　붓을 이용하여 모서리 등 롤러가 닿기 힘든 곳을 칠한다. 모서리를 칠할 때는 뭉친 곳이 없도록 하고, 붓이 지나간 곳에 경계가 생기지 않도록 경계 부분을 얇게 펴 발라준다.

소가구나 소품의 경우는 붓으로 모두 칠을 해주는데, 이때 붓 자국이 생기지 않도록 주의한다. 가구의 안쪽 모서리 등은 작은 붓을 이용하여 칠해준다.

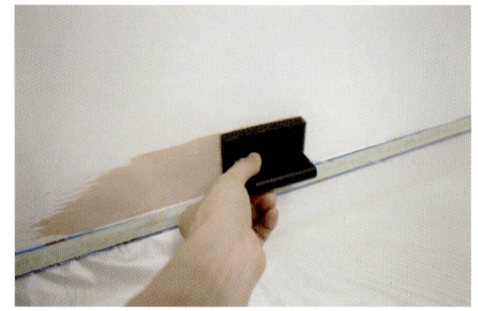

❷ 페인트 패드로 칠하기　　페인트 패드는 롤러와 칠하는 방법이 다르다. 굴려서 칠하는 롤러와 달리 패드는 쓸어 내려 주며 칠한다. 면을 칠할 수 있는 패드, 모서리를 칠할 수 있는 작은 모서리 패드 등 사용할 곳에 맞는 도구를 선택하여 사용한다.

특히 벽지 모서리를 칠할 때 페인트 패드를 사용하면 보다 손쉽고 빠르게 칠할 수 있다. 페인트 패드를 모서리 부분에 대고 칠할 방향으로 밀어주면 된다. 한 번 페인트를 묻혔을 때 패드에 흡수되는 페인트가 많기 때문에 패드에 묻어 있는 페인트의 양을 조절하는 것이 중요하다. 패드를 밀어가며 페인트를 칠한 후에는 경계 부분을 얇게 펴 주어야 뭉치지 않고, 경계가 생기지 않는다.

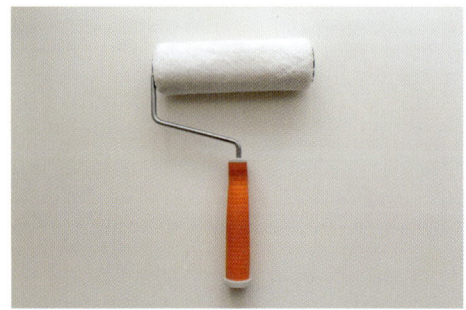

❸ 롤러로 칠하기　　롤러는 넓은 면적을 칠할 때 사용한다. 칠할 곳에 따라 롤러의 사이즈를 조절하여 사용하면 되는데, 방문이나 소가구의 경우는 작은 롤러를 사용하고, 벽면처럼 면적이 큰 곳은 큰 롤러를 사용한다. 롤러는 모의 길이와 크기에 따라 페인트 흡수량이 달라지는데, 이로 인해 롤러의 무게도 달라지므로 사용하는 사람에 따라 적절한 롤러를 선택해야 한다.

- W자 그리기

보통 많이 알고있는 방법으로 W자 또는 M자를 그려준 후 페인트를 펴주는 방법이다. 롤러를 이용하여 W자 또는 M자를 그려준다. 그리고 굴려가며 펴 발라주는 방식으로, 롤러에 페인트를 추가로 묻히지 않은 상태로 펴 발라주어야 한다. 이 같은 방법을 반복하며 칠한다.

- 일자로 칠하기

가운에 지점에서 롤러를 위로 굴려 올려준 후 다시 아래로 내려온다. 시작점인 가운데 지점에 많은 양의 페인트가 묻어있게 되는데, 위쪽으로 굴려주었던 롤러가 아래로 내려오면서 묻어있던 페인트를 덜어내주어 전체적으로 고르게 칠해진다.

일자로 페인트를 칠했으면 옆으로 이동하면서 계속 일자를 그려주며 페인팅하면 된다. 이때 경계 부분에 페인트를 묻히지 않도록 신경 쓰며 페인팅을 해야 한다. 너무 높은 곳까지 칠하지 말고 손이 닿는 부분까지만 칠해 준 후 위쪽은 사다리나 의자를 이용하여 칠한다.

높은 곳까지 한 번에 칠을 하고싶다면 폴대를 이용하면 된다.

좀 더 개성 있는 페인팅을 하고 싶을 때는
분할 페인팅을 활용하면 좋다.

분할 페인팅은 두 가지 이상의 컬러를 사용하는 만큼 페인트가 맞닿는 경계 부분이 번지지 않고 깔끔하게 마무리되는 것이 가장 중요하다.

분할 페인팅 방법을 익히면 2분할 페인팅부터 다양한 패턴 페인팅도 가능한데, 벽지뿐만 아니라 방문, 소품 등에도 다양하게 활용할 수 있어 개성 있는 페인팅을 완성할 수 있다.

❶ 처음부터 분할을 한 후 페인팅을 하는 방법과 ❷ 첫 번째 컬러를 넓게 칠한 후 경계를 나누어 두 번째 컬러를 칠하는 방법으로 나뉜다. 2분할의 경우는 2번의 방법을 사용하면 보다 쉽게 페인팅을 할 수 있다.

패턴을 넣어주는 것처럼 다양한 무늬와 컬러가 들어가는 경우라면 1번의 방법으로 칠을 하는 것이 효과적이다. 분할 페인팅은 첫 번째 컬러를 2회 도장까지 끝낸 후 두 번째 컬러 페인팅을 하기 때문에 일반 페인팅보다 많은 시간이 소요된다.

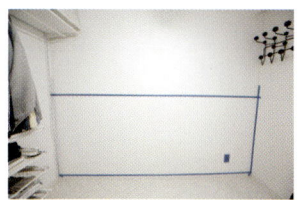 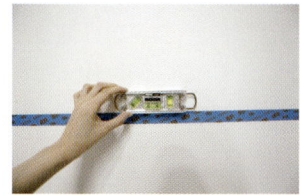 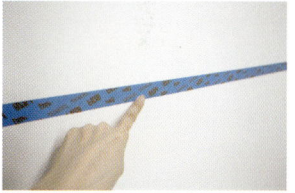

분할할 곳에 마스킹 테이프를 부착하고, 수평계를 이용하여 수평이 맞는지를 확인한다. 수평계가 없다면 휴대폰 어플 [수평계 어플]을 이용하면 된다. 마스킹 테이프를 부착한 후에는 마스킹 테이프와 페인트가 닿는 부분만 손가락을 이용하여 꼭꼭 눌러주어 테이프가 들뜬 곳이 없도록 한다. 이때 테이프 전체를 눌러 붙이면 추후 테이프를 제거할 때 벽지가 찢어질 수 있으니 반드시 페인트와 닿는 부분만 눌러 붙어준다.

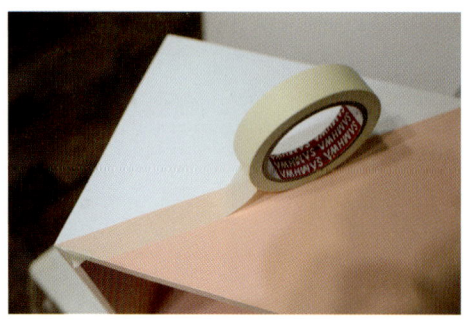 

만약 경계를 나눈 후 페인팅을 했다면 먼저 칠한 페인트가 1~2mm 보이도록 마스킹 테이프를 부착한다. 페인팅이 끝나고 마스킹 테이프를 제거했을 때 두 컬러 사이에 미세한 틈이 생겨 밑색이 보일 수 있으므로, 경계면의 페인트가 1~2mm 겹쳐져서 칠해지도록 부착하는 것이 좋다.

붓으로 경계면부터 칠하는데, 마스킹 테이프가 부착된 곳에서부터 쓸어서 내려오듯 칠해준다. 반대 방향으로 칠하면 마스킹 테이프 안쪽으로 페인트를 밀어 넣는 것과 같으므로 페인트가 번질 수 있다. 붓의 방향은 반드시 마스킹 테이프 바깥으로 해주어야 한다.

칠이 끝난 후 페인트가 반건조 상태일 때 붙여두었던 마스킹 테이프를 제거한다. 페인트가 완전히 건조된 상태에서 마스킹 테이프를 제거하면 경계면의 페인트가 함께 떨어질 수 있다. 만약 페인트가 많이 건조된 상태에서 제거해야 한다면 커터 칼을 이용하며 경계 면에 칼집을 살짝 내어준 후 마스킹 테이프를 제거하면 된다. 드라이기를 이용하여 따뜻한 바람을 쐬어주는 것도 마스킹 테이프 제거에 도움이 된다.

붓에 페인트가 많이 묻어있다면 페인트가 마스킹 테이프 안쪽으로 스며들어갈 수 있기 때문에 적당한 양 조절이 중요하다. 2회 칠을 할 때에도 위와 동일한 방법으로 경계 부분을 칠해주면 된다.

경계면 번짐없이 깔끔하게 분할 페인팅이 완성되었다.

셀프
페인팅하기

———

페인팅으로 전문가의 도움 없이도 집을 예쁘게 꾸미고, 가구를 변화시키는 등의 다양한 작업을 할 수 있다.

오래된 문이나 누렇게 때가 탄 벽지를 새것처럼 만들어 줄 수도 있다.

계절에 따라 컬러를 바꿔주며 집안 인테리어에 변화를 줄 수 있으니 페인트만큼 손쉽게 인테리어를 할 수 있는 재료도 없는 것 같다.

예전과 달리 요즘은 일반인들도 쉽게 페인팅을 할 수 있도록 다양한 방법들이 공개되고 있으며, 손쉽게 다양한 재료를 구입할 수 있다.

페인팅으로 집안의 애물단지 가구나 낡은 문, 더러워진 벽지를 페인팅 해보자.

마법처럼 변화하는 모습을 직접 보고, 체험할 수 있을 것이다.

방문 페인팅

오래되고 낡은 방문, 인테리어와 어울리지 않는 방문 때문에 스트레스 받는 경우가 많다. 페인팅을 하면
좋지만 무턱대고 시작할 경우 추후 페인트가 쉽게 벗겨지는 등의 문제가 발생할 수 있다. 방문 페인팅을
하는 올바른 방법으로 오래된 방문을 새것처럼 변신시켜보자.

컬러가 인테리어와 맞지 않는다거나 오래된 방문은 페인트를 칠해 원하는 컬러로 바꿀 수 있다.

방문 컬러가 집안 인테리어와 조화를 이루지
못하기도 하고, 방문 곳곳에 페인트가 떨어
져 나가 스트레스를 받기도 한다. 교체를 하
면 비용이 많이 들기 때문에 쉽게 바꿀 수 없
는 것이 방문이다.

페인트가 칠해진 방문도 있지만 필름지가 붙어
있는 경우도 많은데, 붙어있던 필름지가 들떠
있거나 찢어진 경우라면 필름지를 모두 제거한
후 페인팅을 해주는 것이 좋다.

그렇지 않은 경우라면 필름지를 제거하지 않
은 상태로 페인팅을 해주면 된다. 페인팅으로
낡은 방문도 새것같이 예쁘게 변신시켜보자.

오래되고 낡은 방문이나 인테리어와
어울리지 않는 방문을 페인팅을 통해 변신시켜보자.

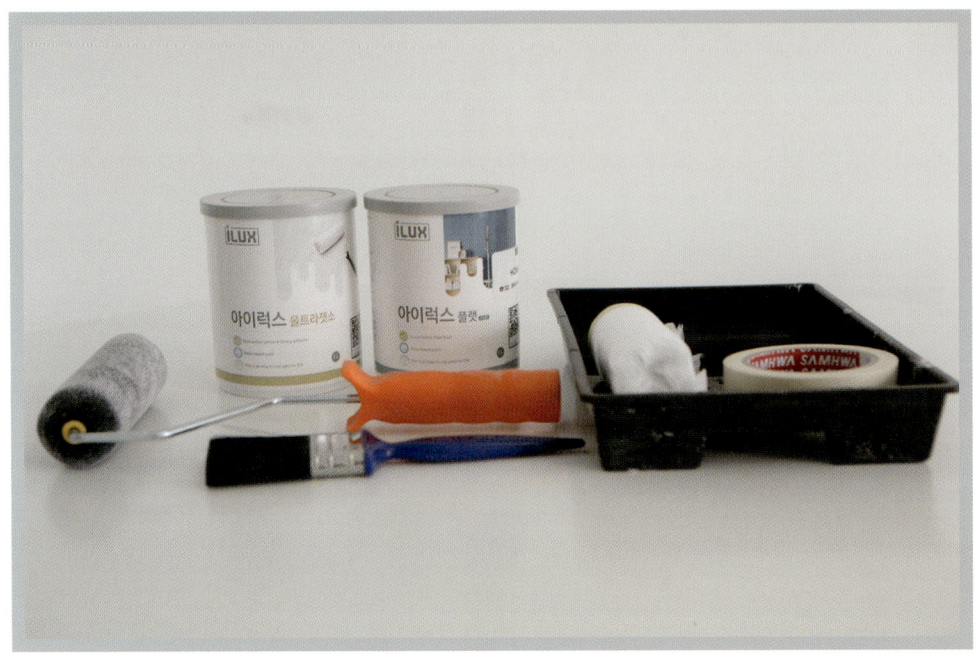

| 기본재료 | 젯소, 방문용 페인트, 붓, 롤러, 마스킹 테이프, 커버링 테이프, 트레이 |
| 페인트 컬러 | 홈앤톤즈 S2502-B |

❶ 보양작업

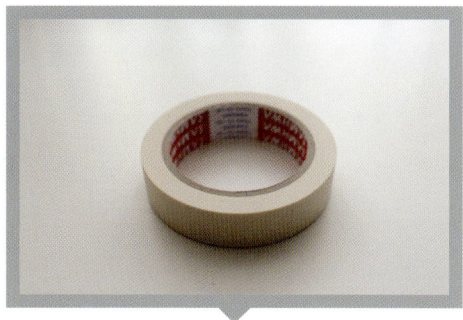

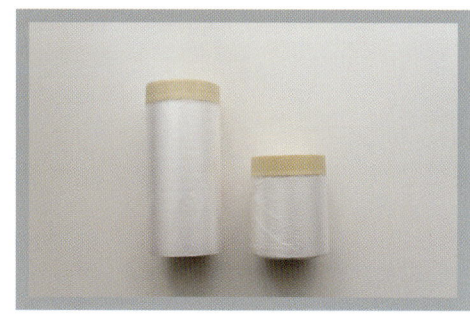

페인트를 칠해야 하는 곳이 아닌 손잡이, 경첩, 바닥이나 주변 가구, 벽지 등에 커버링 테이프와 마스킹 테이프를 부착해야 한다.
페인팅 전 보양작업을 꼼꼼하게 하지 않으면 페인팅이 깔끔하게 되지 않을 뿐 아니라, 주변 가구나 벽지에 페인트가 묻을 수 있
기 때문에 꼼꼼한 보양작업이 필요하다.

문틀 주변 페인트가 묻지 않아야 하는 곳에 마스킹 테이프를
부착한다.

경첩은 페인트를 칠하는 경우와 칠하지 않는 경우로 구분되
는데, 경첩을 페인팅 하지 않는다면 마스킹 테이프를 이용하
여 꼼꼼히 부착해야 한다. 경첩 위쪽으로 마스킹 테이프를 부
착한 후 커터 칼을 이용하여 경첩 모양대로 도려내고, 손으로
꼭꼭 눌러 붙여준다.

방문 손잡이를 분리하면 페인팅을 쉽게 할 수 있다. 만약 손잡이를 분리하는 것이 어렵다면 커버링 테이프를 이용하여 손잡이를 감싸주어 보양작업을 한다. 커버링 테이프의 비닐은 나풀거리지 않도록 단단히 고정한다.

바닥에는 커버링 테이프를 부착하여 보양작업한다. 경계 부분에 마스킹 테이프를 먼저 부착한 후 그 위로 커버링 테이프를 부착하면, 페인팅 도중 커버링 테이프가 떨어지더라도 페인트가 묻는 일을 방지 할 수 있다. 코너 등 굴곡진 부분은 한 번에 붙이려 하지 말고 나누어 붙인다. 커버링 테이프는 양쪽으로 10cm씩 여유 있게 커팅해주는 것이 좋다.

[TIP]

커버링 테이프는 45cm, 90cm, 150cm 등 여러 사이즈가 있다. 문 페인팅 시에는 45cm나 90cm의 마스킹 테이프를 사용하면 좋다. 150cm는 주변이 큰 가구나 테이블 등을 보양작업할 때 사용하면 좋다.

문에 페인팅을 하기 위해서는 젯소를 반드시 칠해주어야 한다. 방문은 페인트 도색이 되어있거나, 필름지가 씌워진 경우가 많다. 이 두 경우 모두 표면에 코팅이 되어있어 페인트 밀착력이 떨어지기 때문에, 젯소를 칠하지 않은 상태에서 페인팅을 한다면 추후 페인트가 쉽게 떨어져 나가게 될 뿐만 아니라 페인트가 제대로 칠해지지 않고 밀리는 현상이 발생한다.

좁은 곳은 붓으로 칠한다. 5cm 붓을 이용하여 문틀과 문짝의 몰딩 부분 등 롤러가 닿기 힘든 부분을 칠해준다.

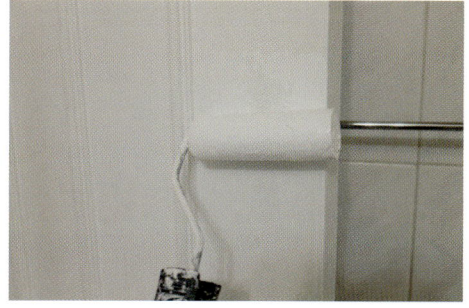

붓으로 몰딩과 문틀, 모서리 등을 모두 칠해주었다면 롤러를 이용하여 나머지 부분을 칠해준다. 문짝의 기본 컬러와 상태에 따라서 젯소는 1~2회 칠해주는 것이 좋다. 젯소는 30분~1시간 정도 충분히 건조해야 한다.

[TIP]

— 젯소칠을 하기 전 200방 사포를 이용하여 표면을 가볍게 샌딩하면 젯소의 밀착력을 높이는 데 도움이 된다.

— 붓에 너무 많은 양의 젯소를 묻히면 페인트가 뭉치는 곳이 생기기 때문에 적당량의 젯소를 묻히는 것이 좋다. 또한 젯소의 농도가 되직한 경우 붓 자국이 나기 쉽고 뭉치는 곳이 발생하기도 쉬우니, 적당량의 물로 희석하여 농도를 조절한 후 칠해야 한다.

— 문을 칠할 때는 롤러의 크기가 크지 않은 것을 선택하는 것이 좋다. 롤러 전체에 젯소를 고르게 묻힌 후 뭉치는 곳이 없도록 칠해준다.

젯소가 1회 칠해진 모습

젯소는 기본 1~2회를 칠해주는 것이 좋다. 젯소 칠의 횟수는 방문 컬러와 사용할 페인트 컬러에 따라서 달라진다. 방문 컬러가 진하고 사용할 페인트가 밝은 컬러라면 젯소를 2회 이상 칠을 해주어 밑색을 완전히 커버해주는 것이 좋다. 젯소로 밑색을 커버해야 페인팅의 횟수를 줄일 수 있고, 발색도 잘된다.

간혹 젯소의 횟수를 줄이고 페인팅으로 대체를 하는 경우도 있다. 그러나 페인트의 커버력은 젯소에 비해 좋은 편이 아니기 때문에 젯소 1회를 생략했다고 하여 페인팅 1회를 추가해주는 것으로는 해결되지 않는다. 페인트를 두껍게 바르면 추후 문이 제대로 닫히지 않을 수도 있으므로, 젯소를 꼼꼼히 칠해주어 밑색을 커버한 후 페인팅을 하는 것이 좋다.

❸ 페인트 칠하기

개봉한 페인트는 층이 분리되어 있기 때문에 사용 전 나무젓가락 또는 스터러를 이용하여 1분 이상 충분히 섞어준 후 사용해야 한다. 페인트의 농도를 테스트한 후 적당량의 물을 넣고 희석하여 칠하기 좋은 농도로 만들어준다. 이때 반드시 사용할 만큼의 페인트를 덜어준 후 물을 넣어야 한다.

모서리, 몰딩, 문틀 등 롤러가 닿기 힘든 부분을 붓으로 칠해준다. 특히 모서리는 페인트가 많이 묻어있을 수 있기 때문에 고여있는 페인트가 없도록 펴 발라주어야 한다.

넓은 곳은 롤러로 칠한다. 롤러 전체에 페인트를 고르게 묻힌 후 넓은 면을 페인팅한다. 이때 문의 옆면은 붓보다는 롤러를 이용하여 칠하면 보다 쉽게 페인팅이 가능하고, 두껍지 않게 칠을 할 수 있다.

1회 도장 모습. 1회 칠이 끝난 후 30분 ~1시간 정도 건조한다. 페인트는 칠하는 날의 온도와 습도의 영향을 많이 받는다. 맑은 날의 경우 페인트 건조 속도가 빠르지만 비가 오는 등 습한 날은 페인트 건조 속도가 느리기 때문에 건조 시간을 오래 가져야 한다. 선풍기나 제습기, 보일러 등을 틀어 두면 건조 시간을 단축할 수 있다.

페인트는 2회 도장이 기본이기 때문에 1회 칠이 끝난 후에는 밑색이 보이는 등 얼룩이 심하게 보인다. 이것은 정상적인 상태이기 때문에 얼룩이 보인다고 해서 걱정할 필요는 없다.

이때 얼룩 부분에 덧칠을 하지 않는 것이 매우 중요하다. 페인트 건조 후 손바닥으로 방문 전체를 고르게 만져본 후 페인트가 손에 묻어나지 않는다면 2차 도장을 해도 된다.

페인트가 건조되었다면 1차와 동일한 방법으로 2차 페인팅을 진행한다.

2차 페인팅이 끝나면 1차 때 보였던 얼룩들이 말끔히 사라진다. 만약 2차 후에도 전체적으로 밑색이나 얼룩이 보인다면 건조 후 3차 도장을 해준다. 전체적으로 고르게 칠해져 있지만 한 두 곳만 밑색이 보이거나 얼룩이 생겨 있다면 건조 후 얼룩 부분만 덧칠해주면 된다.

덧칠을 하면 칠하는 곳만 색이 다르게 보여서 얼룩이 생기는 것이라 오해할 수도 있으나, 페인트가 마르면 얼룩 없이 말끔해지기 때문에 걱정할 필요가 없다.

모든 페인팅이 끝이 났다면 붙여 두었던 마스킹 테이프와 커버링 테이프를 제거한다.

마스킹 테이프는 페인트가 반건조 상태일 때 (손에 묻어나지 않은 상태) 제거해야 한다. 테이프를 제거할 때는 조심스럽게 떼어내야 하는데, 특히 벽지 위에 붙여 둔 마스킹 테이프를 제거할 때는 벽지가 찢어지지 않도록 주의한다.

완성! 페인트가 건조된 후 손잡이를 설치해주면 욕실 문 페인팅이 끝난다.

페인트가 완전히 건조되기 전까지 하루 정도는 문을 닫아두지 않는 것이 좋다. 욕실 문 페인팅 시 욕실 안쪽의 습기 때문에 걱정하는 경우가 많은데, 만약 습기로 인한 손상이 걱정된다면 바니시를 추가로 1~2회 칠해주면 도움이 된다.

단색으로 칠해진 방문이 밋밋하게 느껴진다면
분할 페인팅으로 포인트를 줄 수 있다.

기본재료	젯소, 페인트, 붓, 롤러, 트레이, 마스킹 테이프, 커버링 테이프
페인트 컬러	홈앤톤즈 S2010-B70G, S4005-B20G

마스킹 테이프와 커버링 테이프를 이용해 보양작업을 한다.

분할할 부분에 마스킹 테이프를 부착한다.

수평계를 이용하여 수평을 확인한다.

경계면과 테투리를 붓으로 칠한다.

롤러로 넓은 면적을 칠한다. 1회 칠이 끝난 후 페인트가 건조
되면 동일한 방법으로 2회 칠을 한다.

페인트가 반건조 상태일 때 경계 면의 마스킹 테이프를 제거한 후, 다시 경계 면에 마스킹 테이프를 재부착한다.

경계 면과 모서리를 붓으로 칠한다. 경계 면은 마스킹 테이프에서 시작하여 바깥쪽으로 칠해준다.

롤러로 넓은 면적을 칠한다. 1회 칠이 끝난 후 페인트가 건조되면 동일한 방법으로 2회 칠을 한다.

페인트가 반건조 상태일 때 마스킹 테이프와 커버링 테이프를 제거한다.

밋밋하던 방문이 분할 페인팅으로 포인트 문으로 변신!

오래된 방문은 손잡이도 낡아 있는 경우가 많아
페인팅 후 손잡이를 교체해주는 것이 좋다.

페인팅 후에 손잡이 교체를 계획하고 있다면 페인팅 전 손잡이를 분리하고 작업하는 것이 좋은
데, 이유는 기존의 손잡이와 설치할 손잡이의 규격이 다를 수 있기 때문이다.

손잡이 교체는 손잡이 판매 사이트에 들어가면 교체방법이 상세히 나와있고, 요즘은 블로그와
유튜브 등에서도 손쉽게 찾아볼 수 있다.

손잡이는 다양한 디자인의 제품들이 다양한 가격대로 판매되고 있다. 만 원대의 저가 제품부터
십만 원이 호가하는 제품까지 다양하게 판매되고 있으니 원하는 디자인과 가격대의 손잡이를
구입하여 교체하면 된다.

기본재료   손잡이, 캐치박스, 캐치, 레치, 레치 고정판, 레버, 레버 고정핀, 잠금핀

캐치박스를 넣어준다.

캐치를 덮고 동봉되어 있는 나사를 박아준다.

설치할 캐치의 크기가 커서 사이즈가 맞지 않는다면 커터 칼
등을 이용하여 공간을 넓혀준다.

나사 구멍이 커서 나사가 헛도는 경우라면 이쑤시개 혹은 나
무젓가락 등을 구멍에 넣어준 후 나사를 박아주면 된다.

❷ 레치 넣기

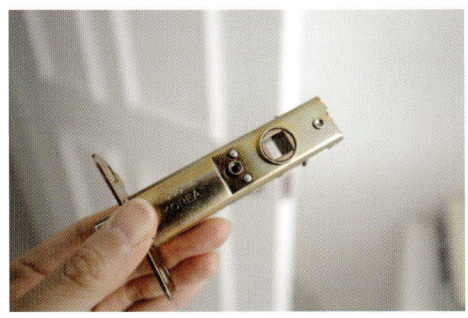 

레치를 넣어준다. 레치를 넣을 때는 잠금 버튼을 끼워주는 곳이 방문의 안쪽으로 오도록 넣어야 한다.
(잠금 버튼 부분은 잠금 장치를 넣고 돌릴 수 있도록 구멍이 있는 부분이다.)

래치 고정판을 나사를 박아 고정한다. 이때도 기존 나사 구멍이 헐거워 나사가 헛도는 경우가 발생하는데, 앞과 동일하게 이쑤시
개 혹은 나무젓가락 등을 구멍에 넣어주면 나사가 헛돌지 않는다.

레버를 끼운 후 동봉된 레버 고정핀을 이용하여 고정한다. 구멍이 3개가 있는 것이 안쪽 레버 / 구멍이 1개만 있는 것이 바깥쪽 레버이다. 나사는 문 안쪽 부분에 위치하도록 한다.

문 안쪽에 잠금핀을 넣고 돌려 고정한다. 고정한 후 잠금핀을 누르고 잡아당기며 테스트 해본다.

손잡이를 고정한다. 이 경우는 손잡이 디자인에 따라 다르다. 보통은 별도의 작업이 필요하지 않은 경우가 많다.

❹ 완성

설치 완료. 5분 만에 손잡이 설치가 끝났다. 순서대로만 해준다면 결코 어렵지 않게 손잡이를 설치할 수 있으며,
드릴이 없어도 드라이버만으로도 충분히 설치 가능하다. 손잡이를 분리할 때는 설치 방법과 순서를 반대로 하면 된다.

꼼지락 이주부의 친절한 페인트 인테리어

벽지 페인팅

벽지는 한 번 도배를 하면 쉽게 바꾸기가 어렵다 보니, 때가 타고 색이 변한 벽지들로 스트레스를 받기도 한다. 벽지 페인팅으로 오래된 벽지에 컬러를 더하여 새것처럼 만들어주고, 나만의 개성있는 스타일과 컬러를 더해주어 인테리어에 변화를 줄 수 있다.

페인트를 칠하는 것만으로도 오래된 벽지를 새것처럼 만들 수 있다.

계절에 맞게 벽의 컬러를 바꾸고 싶을 때나, 찢어지거나 낙서 있는 벽지를 보수할 때도 페인트를 칠해주면 감쪽같이 보수를 할 수 있다. 도배의 경우 전문 인력을 불러야 하는 부담이 있지만 페인팅은 셀프로 할 수 있으며, 집 전체를 바꾸지 않더라도 포인트로 한두 곳만 변화를 줄 수도 있다. 벽지 페인팅 전에는 벽지 상태를 꼼꼼히 체크해야 한다. 벽지의 종류(실크벽지 / 합지)는 물론 찢어지거나 들뜬 곳은 없는지, 구멍 난 곳 등은 없는지 꼼꼼히 체크하고 사전작업을 한 뒤에 페인팅을 해주는 것이 좋다. 페인팅 전 잘 보이지 않던 나사 구멍 등의 흠집은 페인팅 후 도드라지게 보이기도 하고 페인팅 결과물의 퀄리티를 떨어트릴 수 있으므로, 보수작업을 철저히 해주어야 퀄리티 있는 결과물을 만들 수 있다.

오래되었거나 밋밋한 벽지를 페인팅하여
개성있는 벽지로 만들어 보자.

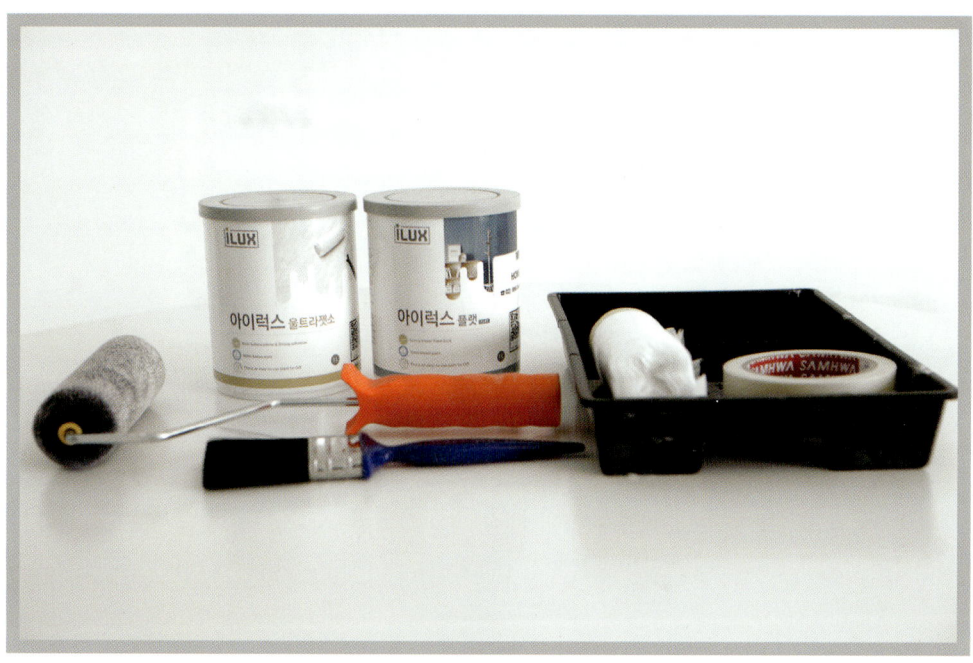

기본재료   젯소, 페인트, 붓, 롤러, 트레이, 마스킹 테이프, 커버링 테이프

페인트 컬러   홈앤톤즈 S1015-Y80R

벽지 전용 페인트 홈앤톤즈 슈프림을 준비한다. 벽지 전용 페인트의 경우 무광 과 에그쉘광이 있다. 보통 벽지는 무광 페인트를 많이 사용하는데 아이 방 등 오염이 걱정되는 곳이라면 무광보다는 에그쉘광을 사용하는 것이 좋다. 페인트 는 충분히 섞어준 후 물을 섞어 적당한 농도를 만들어준다.

❶ 보양작업

페인트를 칠하지 않는 벽면과 몰딩 부분에 마스킹 테이프를 부착한다. 마스킹 테이프 제거 시 벽지가 찢어질 수 있으므로 벽지 위에 테이프를 붙일 때는 세게 눌러 붙이지 않아야 하며, 페인트와 닿는 부분은 손으로 눌러 밀착하여 붙여준다. 바닥과 주변의 큰 가구에는 커버링 테이프를 이용하여 보양작업을 해준다.

❷ 젯소 칠하기

밝은색 페인트를 칠할 경우 젯소를 1~2회 칠해주는 것이 좋다. 칠할 컬러가 벽지보다 어두운 컬러라면 젯소를 생략해도 된다. 붓 또는 패드를 이용하여 모서리와 콘센트 주변을 칠해준다.

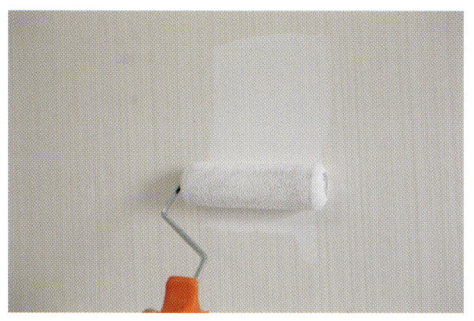

롤러 전체에 젯소를 고르게 묻혀준 후 W자 혹은 l자를 그리
며 젯소를 칠한다.

실크 벽지는 젯소를 칠해주는 것이 좋으나, 젯소를 생략해도
되는 페인트들이 출시되고 있으니 구입 전 젯소 사용 여부를
확인하는 것이 좋다. 젯소는 보통 2회 칠을 하는 것이 좋으며,
밑색이 진하다면 2~3회 정도 칠을 하여 밑색을 커버한 후 페
인트를 칠한다.

❸ 페인트 칠하기

페인트는 사용 전 적당한 농도로 만들어야 한다. 농도가 진할 경우 페인트가 잘 칠해지지 않을 뿐만 아니라 붓 자국
이나 떡지는 곳이 발생할 수 있으니, 사전 테스트를 통하여 적당한 농도를 맞춘 후 페인팅을 진행한다.

농도를 맞춘 페인트를 트레이에 덜어준다.

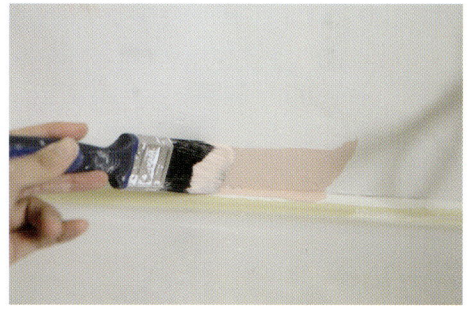

붓 또는 패드를 이용하여 모서리와 콘센트 주변을 칠한다. 젯
소 칠하기와 동일한 방법이며, 뭉친 곳이 없도록 칠을 해주
어야 한다. 특히 패드가 지나간 곳의 경계가 생기지 않도록
해야 한나.

롤러 전체에 페인트를 골고루 묻힌 후 W자 또는 I자를 그리며 페인팅한다.

높은 곳의 경우 폴대를 사용하거나, 사다리 등을 밟고 올라가서 페인팅을 해준다.

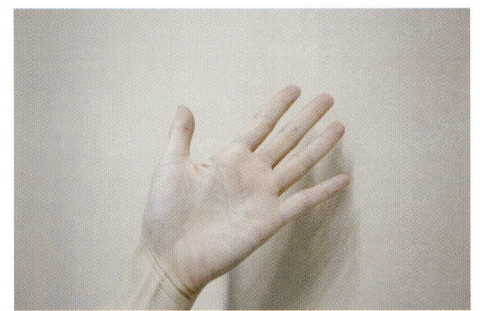

1차 페인팅 후 30분~1시간 정도 건조한 뒤, 손으로 면 전체를 만져보고 페인트가 손에 묻어나지 않는다면 2차 페인팅을 한다.

1회 칠이 끝난 벽지는 얼룩이 많이 보인다. 1차 페인팅 후 보이는 얼룩은 2차 페인팅 때 모두 사라지기 때문에 얼룩을 가리기 위해 덧칠을 하지 않는다. 페인트가 덜 마른 상태에서 덧칠을 할 경우 페인트가 뭉치거나 벗겨지기 때문에 추후 페인팅 결과물이 좋지 않을 수 있다.

1회 때와 동일한 방법으로 모서리부터 칠한 후 롤러로 넓은 면적을 칠하여 2차 페인팅을 진행한다. 2회 페인팅 후 제대로 커버가 되지 않은 경우라면 추가로 전체 페인팅을 진행하고, 군데군데 얼룩이 있는 경우라면 부분 덧칠을 해주면 된다.

 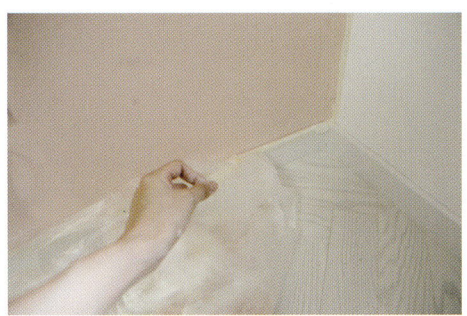

페인트칠이 끝났다면 붙여 두었던 마스킹 테이프와 커버링 테이프를 제거한다. 페인트가 반건조 상태일 때 제거해야 하며, 벽지가 찢어지지 않도록 조심해서 떼어내야 한다.

벽에 있는 마스킹 테이프를 먼저 제거하여 바닥에 있는 커버링 테이프 위에 올려주고, 마지막에 커버링 테이프를 돌돌 말면서 떼어내면 뒤처리를 깔끔하게 할 수 있다.

색이 바라고 오염되었던 벽지가 화사한 포인트벽으로 완성되었다.

무늬가 있는 벽지도 페인팅을 통해 변화를 줄 수 있다.

무늬가 작고 흐린 경우 어두운 색 페인트를 칠한다면 별도의 사전작업 없이도
페인팅만으로 무늬를 가릴 수 있다. 하지만 무늬가 크고 진한 벽지에 밝은 컬러
의 페인트를 칠하고 싶다면 젯소를 이용하며 바탕색은 물론 무늬를 모두 커버
한 후 진행해야 페인팅 횟수가 줄고, 완벽히 커버할 수 있다.

기본재료	젯소, 페인트 붓, 롤러, 마스킹 테이프, 커버링 테이프, 트레이
페인트 컬러	홈앤톤즈 백색, S1015-Y70R

❶ 보양작업

커버링 테이프와 마스킹 테이프를 이용하여 페인트가 묻지 않아야 할 곳에 보양작업을 해준다.

❷ 젯소 칠하기

붓과 롤러를 이용하여 젯소를 칠한다. 이때 무늬를 가리기 위해 한 번에 두껍게 칠하는 것은 옳지 않다. 무늬 커버가 잘 되지 않는다면 칠하는 횟수를 늘려주는 것이 좋은 방법이므로 한 번에 욕심을 부려 두껍게 칠하지 않도록 한다.

젯소를 두껍게 칠하면 건조 시간이 그만큼 길어진다. 덜 마른 부분을 인지하지 못하고 덧칠을 할 경우 페인트가 떡지는 곳이 발생할 수도 있다.

붓 또는 패드를 이용하여 롤러가 닿지 않는 모서리와 콘센트 주변을 칠해준다. 이때 경계 부분이 생기지 않도록 펴 발라 주어야한다.

[TIP]

무늬를 커버하기 위해 반드시 전체를 다시 칠해줄 필요는 없으니 도드라져 보이는 부분에만 젯소를 추가로 칠해주면 좀 더 쉽게 커버가 가능하다. 사용할 페인트 컬러가 연한색이라면 젯소를 2~3회 칠해 무늬를 최대한 커버한 후 페인트를 칠한다. 사용할 페인트 컬러가 바탕 컬러와 무늬보다 진하다면 1회 칠하거나 생략해도 좋다. 젯소의 횟수는 정답이 없다.

벽면의 컬러와 상태, 사용할 페인트의 컬러에 따라 매번 젯소의 횟수가 달라지므로 상황에 따라 횟수를 결정해야 한다. 젯소를 구입할 때는 이 부분들을 염두에 두고 용량을 계산하여 구입해야 한다.

W자 또는 I자를 그리며 젯소를 칠해준다.

젯소를 1회 칠한 후 바탕면은 커버가 되었지만 무늬는 커버가 되지 않았다.
이때는 전체적으로 젯소를 한 번 더 칠해주거나, 무늬가 있는 곳에만 한 번
더 칠하면 된다.

❸ 페인트 칠하기

붓으로 모서리와 콘센트 주변을 칠해준 뒤, 롤러로 W자 또는 I자를 그리며 칠을 한다. 2회 칠을 기본으로하며 밑색이 보이거나
얼룩이 심한 경우 2~3회 칠을 한다.

복잡한 무늬가 사라지고 면이 정리되니 기존보다 공간이 넓어 보이는 효과까지 볼 수 있다.
포인트로 부착했던 무늬벽지가 지겨워졌다면 페인팅으로 말끔하게 변신시켜보자.

꼼지락 이주부의 친절한 페인트 인테리어

단색으로 칠하는 것이 밋밋하게 느껴진다면
두 가지 이상의 컬러를 사용하여 분할 페인팅을 할 수 있다.

단순하게 위아래로 컬러를 나누기도 하며, 사선 또는 다양한 패턴을 넣어 페인팅하기도 한다. 분할 페인팅은 단색 페인팅과는 또다른 분위기를 연출할 수 있고, 기존의 벽을 바꾸고 싶을 때 보다 쉽게 변화를 줄 수 있다.

기존에 페인팅이 되어있던 상태라면 젯소를 생략해도 좋지만, 기존 컬러보다 밝은 컬러를 칠해야 하는 경우라면 젯소를 칠한 후 페인팅을 해야 한다.

기본재료	페인트 붓, 롤러, 마스킹 테이프, 커버링 테이프, 트레이
페인트 컬러	홈앤톤즈 S2010-Y40R

❶ 보양작업

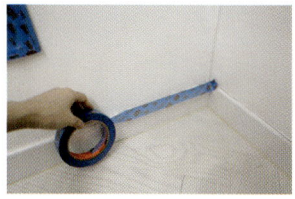 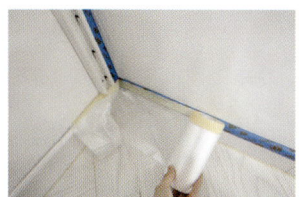 

마스킹 테이프와 커버링 테이프를 이용하여 페인트가 묻지 않아야 할 벽과 바닥 등에 보양작업한다. 추후 마스킹 테이프 제거 시 벽지가 손상되지 않도록 테이프 전체를 밀착시키지 말고 페인트와 닿을 부분만을 손가락으로 눌러주어 페인트가 스며들지 않도록 한다.

❷ 분할하기

 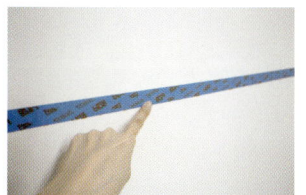

분할할 곳에 마스킹 테이프를 부착한 다. 이때 수평이 맞도록 체크를 해주어 야 하는데 수평계를 이용하거나, 수평 계가 없다면 휴대폰 어플을 이용하여 체크한다.

수평 체크가 끝났다면 페인트가 닿는 부분을 손가락으로 눌러주어 페인트가 스며 들지 않도록 한다.

❸ 페인트 칠하기

붓에 적당량의 페인트를 묻혀준 후 마스킹 테이프 위쪽부터 바깥쪽으로 쓸어내리듯 칠한다. 이때 반드시 마스킹 테이프 위쪽에서 바깥쪽으로 칠을 해야 하며, 페인트가 많이 칠해지지 않도록 한다.

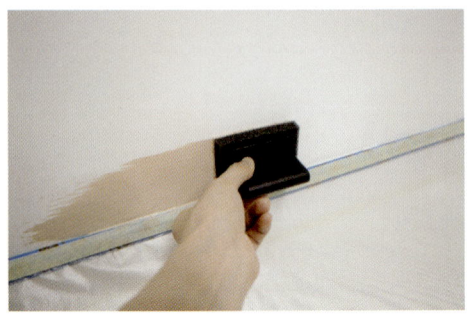

붓이나 패드를 이용하여 모서리와 콘센트 주변을 칠한다.

롤러로 W자 또는 자를 그리며 페인팅한다.

1차 페인팅이 끝난 후 30분~1시간 건조한 뒤 2차 페인팅을 진행한다.

❹ 보양작업 제거하기

페인팅이 끝난 후 보양작업을 제거한다. 마스킹 테이프는 떼어내면서 벽지가 손상될 수 있으니 주의하며 제거한다.

❺ 완성

기존의 벽지에 분할 페인팅으로 변화를 주니 이전과는 다른 분위기의 공간이 연출되었다. 전체 페인팅이 부담스럽거나, 기존의 페인팅에서 조금 변화를 주고 싶을 때 분할 페인팅을 시도하면 어렵지 않게 분위기에 변화를 줄 수 있다.

가구/소품 페인팅

요즘은 나만의 개성 있는 가구와 소품을 원하는 사람들이 많아지고 있다. 반제품을 이용하거나, 버려지는 리폼 재료들을 이용하면 세상에 하나뿐인 나만의 가구와 소품을 만들 수 있다.

셀프 페인팅으로 나만의 가구와 소품을 만들어보자.

반제품으로 출시된 나무상자로 수레형 책장을 만들거나 안 쓰는 유리병, 고추장 통 등을 페인팅하여 새것처럼 쓸 수 있다.

나만의 특별한 가구나 소품을 만들고 싶다면 반제품을 이용하면 쉬우며, 기존에 사용하던 오래된 가구를 리폼해도 좋다.

온라인 DIY쇼핑몰에서는 다양한 디자인과 가격대의 반제품들이 판매되고 있다.

조립이 되어있는 제품부터 직접 조립을 해야 하는 제품들까지 다양하게 판매되고 있으니, 자신의 실력과 필요에 맞는 반제품을 구입하여 페인팅한다면 이 세상 어디에도 없는 나만의 특별한 작품을 만들 수 있다.

기본재료   페인트, 바니시, 트레이, 스펀지 브러시, 미술용 붓

페인트 컬러   홈앤톤즈 S1015-Y80R

목공을 해본 적이 없다면 조립이 되어있는 반제품을 구입하는 것을 추천한다.

조립이 되어있는 제품의 경우 비 조립 제품보다 가격대가 조금 높지만, 조립의 어려움이 없고 시간이 절약된다. 또한 조립을 위해 필요한 도구들을 준비할 필요가 없으니 편리하다.

경첩을 분리한다. 경첩이 붙어있는 채로 조립을 할 경우 경첩에 보양작업을 해야함은 물론, 문짝이 붙어있는 상태로 페인팅을 해야하므로 칠하는 데 어려움이 있다. 문짝이 설치된 가구들을 페인팅할때는 가급적 문짝을 떼어낸 후 작업하는 것이 좋다.

반제품들의 경우 조립을 할 때 사용한 타카 자국이나 피스(나사 못)이 보인다. 이럴 땐 우드필러(메꾸미)를 사용하여 보수한다. 우드필러 적당량을 보수할 곳에 채워 넣어주면 되는데, 우드필러는 건조되면서 수축이 일어나기 때문에 메꿔줄 부분보다 넉넉하게 채워주는 것이 좋다. 건조된 후 샌딩을 통해 표면을 매끈하게 만들어야 하므로 처음부터 평평하게 만들 필요는 없다.

우드필러가 건조된 후 200방 사포를 이용하여 나뭇결 방향으로 샌딩한다. 거친 표면을 다듬어주고 각진 모서리 등을 샌딩하면 된다. 작업 후에는 마른 걸레나 물티슈로 남아있는 톱밥을 닦아주어야 한다.

[TIP]

집에 우드필러(메꾸미)가 없다면 나무젓가락을 사포로 샌딩해서 톱밥을 만들어준 후, 톱밥에 본드를 섞어 반죽해주면 우드필러와 비슷한 효과를 낼 수 있다.

스펀지 브러시를 이용하여 페인트를 칠해준다. 소가구는 스펀지 브러시를 이용하고, 큰 가구의 넓은 면은 작은 사이즈의 롤러를 이용하면 손쉽게 칠을 할 수 있다.

넓은 면적을 모두 칠한 후 남아있는 모서리 부분은 작은 붓을 이용하여 페인팅하면 된다. 모서리 부분은 페인트가 뭉치기 쉬운 곳이므로 뭉치지 않도록 페인트의 양을 조절하여 칠하는 것이 중요하다.

1회 페인트칠이 끝났다면 건조를 해준다. 자연 건조를 해주어도 좋고, 좀 더 빠르게 건조를 하고 싶다면 드라이기를 이용하면 된다. 전체적으로 골고루 만져보면서 페인트가 덜 마른 곳이 없는지 확인을 하는 것이 좋다.

무 도색 목재의 경우 1회 페인트칠을 한 후 나무가 수분을 먹고 들뜸현상이 생겨, 나무 표면이 거칠게 일어난다.

이때 거칠게 일어난 나무 표면을 400방 사포를 이용하여 다듬어준다. 400방 사포를 이용하여 샌딩하면 거칠었던 면이 부드럽게 정리되고, 완성도 있는 작품을 만들 수 있다. 샌딩한 후에 물티슈 또는 젖은 수건으로 표면을 닦아준다.

[**TIP** 들뜸현상이란?]

사람이 탕 속에 들어가면 몸에 있는 때가 부는 것처럼 나무도 수분을 먹으면 부풀게 된다. 때가 불어났지만 밀어내지 않으면 때로 인해 피부가 거칠어지고, 이때 타올을 이용하여 때를 밀어주면 피부가 매끈해지는 것과 같이, 수분을 먹어 거칠게 일어난 나무 표면을 사포(=때타올)로 샌딩해주면 나무표면이 매끈해지는 것이다. 샌딩을 하지 않고 2회 페인트칠을 하면 거친 면이 그대로 남아있게 되고, 그로 인해 가구 표면이 거칠어진다. 페인트칠로는 거친 면을 커버할 수 없기 때문에 1회 페인트칠 후 샌딩을 꼭 해주어야 한다.

❹ 2차 페인트 칠하기

페인트는 2회 도장이 원칙이므로 1회 칠을 한 후 건조하고, 다시 2회 칠을 해주어야 한다. 두 번째 칠을 할 때도 역시 1회 칠 때와 동일하게 넓은 면적은 스펀지 브러시로, 모서리는 작은 붓으로 칠을 해준다.

가구 표면을 코팅하기 위해 바니시를 칠해준다. 바니시는 2회 칠을 하는 것이 좋으며, 물이 묻는 트레이 등을 만들 때는 2회 이상 칠을 해주는 것이 좋다.

❺ 마무리 작업

바니시가 건조된 후 경첩과 손잡이를 부착한다.

레터링 스티커를 부착하여 꾸며준다. 레터링 스티커는 온라인 DIY쇼핑몰에서 쉽게 구입할 수 있다.

[TIP]

바니시는 투명한 흰색이지만 건조된 후에는 투명하게 변한다. 넓게 펴 발라진 곳은 투명하지만, 뭉쳐있는 곳은 하얗게 굳어버리기 때문에 바니시를 칠할 때는 뭉친 곳이 없도록 하는 것이 중요하다.

온라인 DIY 쇼핑몰에서 구입한 반제품을 이용하여 나만의 수납함 만들기 완성!
두 칸 수납함은 수납장 또는 식탁 위에 올려 두고 지저분한 물건들을 수납해주며 다용도로 사용 가능하다.

완 성 된 가 구

기본재료	페인트, 스펀지 브러시, 미술용 붓, 트레이, 마스킹 테이프
페인트 컬러	홈앤톤즈 S9000-N

❶ 반제품 준비하기

반제품을 준비한다.

❷ 사전작업

200방 사포로 나무의 모서리와 거친 곳을 샌딩한 후 물티슈로 표면을 깨끗이 닦아 준다. 아크판에 페인트가 묻지 않도록 마스킹 테이프를 붙여준다.

❸ 1차 페인트 칠하기

브러시를 이용하여 페인트를 칠해준다. 넓은 곳은 스펀지 붓으로 칠하고, 좁은 곳은 미술용 붓으로 칠한다.

페인트가 건조되면 들뜸현상으로 거칠어진 표면을 400방 사포로 샌딩한 후 물티슈로 닦아준다.

[TIP]

원하는 디자인의 반제품이 없다면 나무재단 서비스를 이용하면 제작 가능하다.

1차 때와 동일한 방법으로 2차 페인팅을 진행한다.

붙여두었던 마스킹 테이프를 제거하고, 묻어있는 페인트는 물티슈로 닦아낸다.

원하는 모양의 스텐실을 해준다.

스텐실이 어렵다면 시트지나, 레터링 스티커 등을 부착한다.

양면 테이프나 글루건 등을 이용하여 조명 안쪽에 터치 라이트를 부착한다.

세상에 하나뿐인 나만의 조명 완성!

기념일을 붙여주어 기념일등으로 만들 수도 있으며, 스테인을 칠해주면 또다른 느낌을 연출할 수 있다.

완성된 가구

기본재료	페인트, 스테인, 붓, 마스킹 테이프, 트레이
페인트 컬러	아이생각 수성 스테인 가을하늘

❶ 반제품 준비하기

반제품의 경우 비 조립 상태로 오는 경우가 많다. 목공본드와 피스를 이용하여 조립한다.

❷ 사전작업

모서리와 거친 면을 200방 사포로 샌딩한 후 물티슈로 닦아준다. 목다보를 박아준 후 다보 톱으로 잘라 피스 자국을 보수한다.

하단에 바퀴를 설치한다. 바퀴는 DIY 쇼핑몰에서 구입 가능하다.

❸ 1차 스테인 칠하기

스펀지 브러시를 이용하여 스테인을 칠한다. 칠하는 방법은 페인트와 동일하며, 얼룩이 생기지 않도록 칠한다.

페인트가 건조되면 거칠어진 표면을 400방 사포로 샌딩한다.

❹ 2차 스테인 칠하기

❺ 패턴 만들기

1차와 동일한 방법으로 스테인을 칠한다. 스테인도 페인트와 동일하게 2회 칠이 원칙이다.

연필로 밑그림을 그린 후 마스킹 테이프를 부착하여 패턴을 만들어준다.

스펀지 붓을 이용하여 페인트를 칠한다.

동일한 컬러 부분을 2회 칠하는 작업을 반복한다.

부착해둔 마스킹 테이프를 제거한다. 절단 면을 깔끔하게 하고 싶다면 커터 칼로 경계 부분을 그어준 후 제거하면 된다.

패턴을 넣어 개성 있는 이동형 책장이 완성되었다.
아이들 책이나 인형 등을 넣어 사용할 수 있고, 손잡이를 부착하면 보다 쉽게 이동할 수 있다.

완 성 된 가 구

버릴까 말까를 수없이 고민하다가

결국 버리지도 못하고 베란다 구석에서 자리만 차지하게 되는 애물단지 가구들을 하나씩은 가지고 있다. 혼수로 장만했던 가구나 의미가 있는 가구, 유행이 지났지만 버리기에는 너무나 튼튼한 가구들은 리폼을 통해 새로운 가구로 태어날 수 있다.

망가진 곳은 조금 손을 보고, 덕지덕지 때가 타거나 오염된 곳은 페인트를 칠해주면 이전의 모습은 상상도 할 수 없을 만큼 멋진 가구로 변신한다.

기본재료   젯소, 페인트, 붓, 트레이, 마스킹 테이프

페인트 컬러   아이생각 연분홍색, 홈앤톤즈 S2500-N

직접 나무를 조립하고 칠을 해서 만들어 준 스텝 스툴은 군데군데 상처가 나고, 페인트가 덕지덕지 묻어있다. 쓰임이 좋은 가구인데다 버리기에는 너무나 아까운 스텝 스툴을 페인트를 이용하여 리폼하려 한다.

상처 난 모서리는 우드필러를 이용하여 보수한다.

우드필러가 건조된 후 200방 사포를 이용하여 전체적으로 샌딩한다.

[TIP]

가구 리폼을 할 때는 젯소를 바르기 전 사포를 이용하여 샌딩한다.

기성 가구는 표면에 코팅이 되어있어 페인트 밀착력이 떨어진다. 사포를 이용하여 샌딩하면 코팅이 제거될 뿐 아니라, 젯소의 밀착력이 높아져 리폼 후 페인트가 쉽게 벗겨지지 않는다. 샌딩을 할 때는 가구의 결을 따라 해주어야 한다.

브러시를 이용하여 젯소를 칠한다.

[**TIP**]

젯소는 마감력이 없기 때문에 반드시 페인트를 칠해주어야 한다. 1~2회 칠하는 것이 좋으며, 가구의 색상과 내가 사용할 페인트의 컬러를 고려하여 칠하는 횟수를 결정한다.

상판 부분은 스펀지 브러시를 이용하여 연분홍색 페인트를 2회 칠한다.

옆면은 스펀지 브러시를 이용하여 홈앤톤즈 2500-N을 2회 칠해준다.

[TIP]

1회 칠을 한 뒤 30분~1시간 건조 후 2회 칠을 해준다. 1회 칠을 한 후에는 얼룩이 많이 생기지만, 두 번째 페인트를 칠한 후에는 사라진다.

버려질뻔한 낡고 오래된 스텝 스툴이 새것처럼 변신했다.
기존처럼 스텝 스툴로 사용하거나, 소품을 올려 두는 선반 등으로 활용할 수 있다.

기본재료	젯소, 페인트, 붓, 롤러, 마스킹 테이프, 트레이
페인트 컬러	홈앤톤즈 S2500-N, S5030-Y80R

집에 하나쯤은 있는 오래된 공간박스
는 다양한 리폼 재료가 된다. 공간박스
를 활용하여 세상에 하나뿐인 협탁을
만들어보자.

공간박스에 남아있는 피스 자국들은 목다보를 이용하여 보수한다. 목다보가 없다
면 우드필러를 사용한다.

200방 사포로 샌딩한 후 물티슈로 깨끗이 닦아준다.

[TIP]

샌딩을 한 후 젯소를 칠하면 젯소의 밀착력이 높아져 페인트가 쉽게 벗겨지지 않는다.

롤러를 이용하여 젯소를 칠한다. 젯소는 경우에 따라 1~2회 횟수를 조절한다. 소가구의 경우 롤러를 이용하면 보다 쉽고 빠르게 칠할 수 있다.

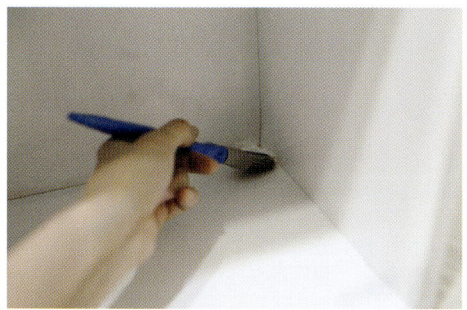

롤러로 칠하기 힘든 모서리를 미술용 붓을 이용하여 칠한다.

분할 페인팅을 하기 위해 마스킹 테이프를 부착한다.

안쪽과 바깥쪽 모두 페인팅한다.

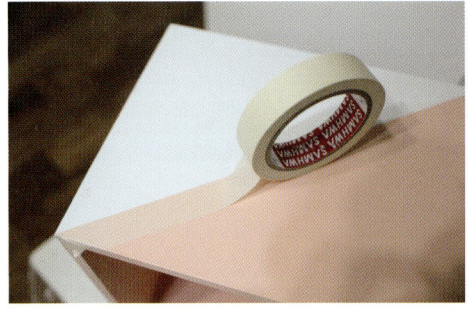

경계부분이 번지지 않도록 하며, 2회 페인팅이 모두 끝난 후 마스킹 테이프를 제거한다.

반대편 페인팅을 위해 마스킹 테이프를 부착한다. 이때 경계 부분이 1~2mm 보이도록 부착해준다.

동일한 방식으로 반대편에도 2회 페인트칠 한다.

 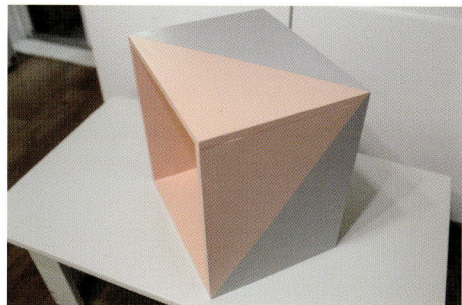

붙여두었던 마스킹 테이프를 제거한다.

❹ 다리 설치하기

원하는 디자인의 가구 다리를 부착한다. 가구 다리는 DIY 쇼핑몰에서 구입할 수 있다.

공간박스를 이용한 협탁 완성!
침실 또는 거실에서 책을 보관하거나 소품을 넣어두는 등 다양하게 활용할 수 있다.

분리수거 날이나 식당 근처에서
쉽게 볼 수 있는 고추장 통은 좋은 리폼 아이템이 된다.

스툴이 되거나 장난감 수납함 등 다양한 용도로 활용될 수 있고, 무엇보다 튼튼하기 때문에 한 번
리폼을 해 두면 오래도록 사용이 가능하다.

베란다에 두고 각종 식자재들을 보관할 수도 있고, 아이들 장난감을 정리하는 장난감 수납함으
로도 활용이 가능한 고추장 통 리폼.

기본재료	젯소, 페인트, 롤러, 붓, 트레이
페인트 컬러	홈앤톤즈 백색, S9000-N

분리수거 날이나 식당 근처에서 쉽게 볼 수 있는 고추장 통은 좋은 리폼 아이템이 된다. 스툴이 되거나 장난감 수납함 등 다양한 용도로 활용될 수 있고, 무엇보다 튼튼하기 때문에 한번 리폼을 해 두면 오래도록 사용이 가능하다.

고추장 통은 깨끗이 씻어 준비한다.

고추장 통은 철제로 되어 있을 뿐 아니라 표면에 코팅이 되어있어 페인트를 칠하기 전 젯소를 칠해주어야 한다. 사용할 페인트 컬러에 따라서 젯소는 2~3회 칠한다. 흰색 페인트를 사용할 예정이라면 3~4회 충분히 칠해 밑색과 무늬를 커버해주는 것이 좋다.

[TIP] ──────────────────────────

젯소는 마감력이 없기 때문에 반드시 페인트를 칠해야 한다. 건조 시간이 길어질수록 젯소의 밀착력이 높아지기 때문에 충분히 건조를 해주고 페인트를 칠하는 것이 좋다.

❸ 페인트 칠하기

롤러를 이용하여 흰색 페인트를 3회 칠한다. 흰색 페인트의 경우 2회 페인트칠로는 고추장 통의 무늬가 보일 수 있으므로 3~4회 정도 칠해주어야 완벽히 커버할 수 있다. 붓보다 롤러를 사용하면 칠하기가 수월할 뿐 아니라, 붓 자국이 생기지 않는다.

❹ 뚜껑 만들기

고추장 통 크기에 맞게 나무를 재단해 뚜껑을 만들어준다. 나무는 재단 후 200방 사포를 이용하여 모서리와 거친 곳의 표면을 샌딩한다.

[TIP]

나무로 뚜껑을 만들고 싶다면 집 근처 목공방에서 일정 비용을 지불한 후 원하는 크기로 재단 받거나, DIY 쇼핑몰에서 원하는 크기로 재단 신청하면 된다.

❺ 시트지 붙이기

시트지에 원하는 알파벳을 그려준 후 칼로 오려낸다. 시트지에 직접 그림을 그리거나, 원하는 그림을 출력한 후 사용해도 된다.

❻ 완성

버려지는 고추장 통을 이용한 수납함 리폼 완성!
안에 아이들 장난감을 넣어준 후 뚜껑을 닫으면 깔끔하게 정리가 가능하다. 장난감 정리함으로, 스툴로 두루두루 사용가능한 고추장 통 리폼 완성!

쨈이나 각종 소스 등을 먹고 난 뒤 나오는 유리병들은
버리기에는 아까운 것들이 많다.

페인트를 이용하여 리폼하면 아이들 장난감, 머리 끈, 필기류 등을 담아줄 수 있고, 인테리어 소
품 역할도 할 수 있다. 아이들이 좋아하는 컬러로 페인트를 칠하고, 각종 피규어 등을 부착해주
면 더욱 예쁘게 완성할 수 있다.

인테리어 소품부터 정리 수납까지 두 마리 토끼를 잡을 수 있는 실속 아이템인 유리병 리폼.

기본재료	젯소, 페인트 붓, 마스킹 테이프, 트레이
페인트 컬러	홈앤톤즈 S3060-R80B, S0520-B60G, S2040-R90B

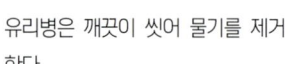

유리병은 깨끗이 씻어 물기를 제거
한다.

모양을 만들기 위해 유리병에 마스킹 테이프를 부착한다.

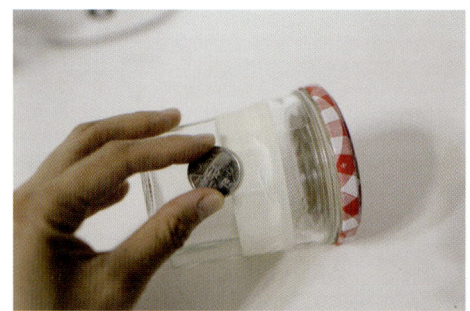

물결무늬를 만들어주고 싶다면 동전을 이용하면 된다. 동전을 이용하여 무늬를 그려준다.

커터 칼을 이용하여 모양대로 자르면 손쉽게 물결무늬를 만
들 수 있다.

스펀지 브러시를 이용하여 유리병과 뚜껑에 젯소를 2회 칠한다. 유리병은 표면이 미끄러워 페인트가 잘 칠해지지 않고, 페인트 밀착력이 떨어진다. 젯소를 칠하지 않고 페인트를 칠할 경우 페인트가 제대로 칠해지지 않을 뿐 아니라, 칠해 둔 페인트가 쉽게 벗겨지기 때문에 유리병에 페인팅하기 전에는 젯소를 반드시 칠해주어야 한다.

1회 젯소 칠 후 완전 건조한 후 1회를 추가로 더 칠한다. 피규어에도 동일하게 젯소를 칠한다. 피규어는 크기가 작기 때문에 작은 미술용 붓을 이용하면 쉽게 칠할 수 있다.

[TIP]

유리병 리폼 시 젯소를 칠했을 때와 칠하지 않았을 때 페인트 접착력에 차이가 난다. 동전으로 표면을 긁어보면 젯소를 칠하지 않은 유리병의 페인트는 쉽게 긁히는 것을 볼 수 있지만, 젯소를 칠한 경우는 페인트가 긁히지 않는다.

유리병과 뚜껑, 피규어에 페인트를 2회 칠한다. 이때 젯소가 제대로 건조되지 않았다면 페인트를 칠할 때 밀리고 뭉치는 곳이 발생할 수 있다. 이런 상황이 생긴다면 당황하지 말고 물티슈로 페인트와 젯소를 모두 닦아낸 후 다시 작업하면 된다.

페인트가 반건조 상태일 때 붙여 둔 마스킹 테이프를 떼어낸다. 페인트가 많이 건조된 상태라면 마스킹 테이프를 떼어낼 때 페인트가 함께 떨어지게 되고, 경계면이 깔끔하지 못하게 되는데, 이때 칼을 이용하여 경계면을 그어준 후 마스킹 테이프를 떼어내면 경계면을 깔끔하게 만들 수 있다.

피규어에 접착제를 바른 후 뚜껑에 부착한다. 접착제를 많이 바르면 접착 부분에 접착제가 보일 수가 있으므로 양을 조절하는 것이 중요하다. 만약 접착제가 새어 나온 것이 보인다면 접착제가 굳은 후 동일한 컬러의 페인트로 덧칠해주면 된다.

유리병 리폼 완성! 완성된 유리병은 비타민, 필기류 등을 넣어두거나 식물을 심어 화분으로 사용할 수 있다.

완성된 모습

지관통처럼 사이즈가 큰 재료들은
리폼하여 다양하게 활용이 가능하다.

사이즈가 큰 만큼 수납을 위한 용도로 사용하거나, 아이들 스툴 등으로 활용
가능하다.

기본재료	젯소, 페인트, 롤러, 붓, 트레이, 스텐실용 붓, 도안
페인트 컬러	홈앤톤즈 S9000-N

❶ 사전작업

지관통은 종이로 되어있다. 표면에 찢어지거나 들뜬 곳은 깔끔하게 정리하여 준비한다.

❷ 젯소 칠하기

롤러를 이용하여 젯소를 1회 칠하고, 400방 사포로 거칠게 일어난 표면을 샌딩한다. 지관통은 종이로 되어있어 젯소를 칠하면 들뜸현상이 일어나기 때문에 400방 사포로 샌딩하여 거칠어진 표면을 다듬어주어야 한다.

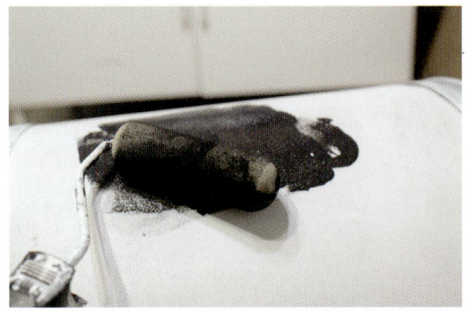

롤러를 이용하여 블랙 페인트를 2회 칠한다.

원하는 도안을 이용하여 스텐실을 한다.

[TIP]

도안은 시중에서 판매되는 것을 구입하거나, 원하는 다자인을 출력하여 만들 수 있다.

페인팅과 스텐실로 지관통이 새것처럼 달라졌다. 동일한 방법으로 컬러와 사이즈를 다르게 하여 리폼할 수 있다.

꼼지락 이주부의 친절한 페인트 인테리어

일반 페인트 외에도 다양한 기능성 페인트들이 판매되고 있다.

기능성 페인트를 활용하면 보다 특별한 소품을 만들 수 있다.
마그네톤 페인트를 이용해 자석보드를 만들어 보자.

기본재료	마그네톤 페인트, 페인트, 롤러, 붓, 트레이
페인트 컬러	홈앤톤즈 S9000-N

❶ 사전작업

원형나무를 준비한다. 원형나무는 DIY 쇼핑몰에서 구입할 수 있다. 200방 사포로 모서리와 표면을 샌딩한다.

❷ 자석 페인트 칠하기

마그네톤 페인트는 페인트 안에 철가루가 포함되어 있어 칠한 곳에 자석을 붙일 수 있다. 벽이나 문에 칠할 수 있고, 소품 등에 활용할 수도 있다.

롤러를 사용하여 자석 페인트를 2~3회 칠한다. 자석 페인트는 얇게 바르면 잘 붙지 않기 때문에 도톰하게 발라주는 것이 좋다.

[TIP]

자석 페인트칠을 모두 끝냈다면 자석을 붙여보며 테스트 해본다. 자석이 잘 붙지 않는다면 페인트를 추가로 칠한다.

❸ 수성 페인트 칠하기

자석 페인트는 마감력이 없기 때문에 자석 페인트만 단독으로 사용할 수 없다. 때문에 수성 페인트를 발라줘야 하는데, 이때 두껍지 않게 발라야 한다. 블랙 컬러의 페인트를 2회 칠한다.

❹ 마무리 작업

원형나무에 구멍을 낸 후 끈을 끼워 고리를 만들어준다.

세상에 하나뿐인 나만의 자석보드 완성!
그림이나 사진을 붙이거나, 메모 등을 부착하여 다양하게 활용할 수 있다.

꼼지락 이주부의 친절한 페인트 인테리어

꼼지락 이주부의

친절한 페인트
인테리어

1판 1쇄 인쇄 2018년 5월 15일
1판 1쇄 발행 2018년 5월 20일

지 은 이 이애경
발 행 인 이미옥
발 행 처 아이생각
정   가 16,000원
등 록 일 2003년 3월 10일
등록번호 220-90-18139
주   소 (03979) 마포구 성미산로 23길 72 (연남동)
전화번호 (02)447-3157~8
팩스번호 (02)447-3159

ISBN 978-89-97466-47-4 (13590)
I-18-04

www.ithinkbook.co.kr

홈앤톤즈
셀프페인팅 아카데미

HOME&
TONES
all about Housing Color

홈앤톤즈와 함께하는 셀프페인팅 클래스

홈앤톤즈는 DIY 페인트의 모든 것을 경험할 수 있는 체험형 서비스 공간으로 컬러 컨설팅부터 아카데미까지 페인트로 할 수 있는 모든 것을 체험할 수 있는 공간이다. 홈앤톤즈 DIY 아카데미에는 페인팅을 한번도 해보지 않은 초보자라도 들을 수 있는 기초 페인팅 수업, 인테리어에 활용할 수 있는 페인팅 기법, 리폼페인팅 등을 배울 수 있는 다양한 커리큘럼이 짜여져 있다. 수업을 듣고 웬만한 가구는 리폼할 수 있으며, 손으로 직접 인테리어도 할 수 있다.

홈앤톤즈 위치

강남 본점 Tel. 02-555-3641 서울특별시 강남구 삼성로 428
광명점 Tel. 02-6226-2292 광명시 일직로 17 롯데프리미엄아울렛 2층

부산 센텀시티점 Tel. 051-741-3642
부산광역시 해운대구 센텀2로 24 센텀다이아몬드빌딩 1F

온라인몰 Tel. 1661-9113 www.homentones.com

▶ DIY 원목페인팅
▶ 아트페인팅
▶ 벽지 페인팅

Q 어디에서 배울 수 있나요?

A 홈앤톤즈 대치본점과 부산 센텀시티점에서 배울 수 있으며, 기초페인팅을 배울 수 있는 DIY 원목페인팅, 다양한 특수페인트로 여러가지 기법을 체험해보는 아트페인팅, 벽지와 문 페인팅의 커리큘럼이 짜여져 있다.

Q 신청방법은?

A **온라인 신청:** 홈앤톤즈 쇼핑몰(www.homentones.com)에 접속하신 후 ACADEMY 메뉴에서 원하시는 날짜의 클래스를 신청하신 후, 해당 날짜에 홈앤톤즈를 방문하세요.
오프라인 신청: 매장에 방문하여 결제 가능.

가격: 약 1만 5천원 ~ 4만원 이상.

대치본점

부산 센텀시티점